合肥工业大学图书出版专项基金资助项

大学区块链教程

主　编　汤汇道　胡东辉

副主编　李　磊　李　萌　廖宝玉

合肥工业大学出版社

图书在版编目(CIP)数据

大学区块链教程/汤汇道,胡东辉主编. —合肥:合肥工业大学出版社,2022.2
ISBN 978 - 7 - 5650 - 5229 - 3

Ⅰ.①大… Ⅱ.①汤…②胡… Ⅲ.①区块链技术—高等学校—教材
Ⅳ.①TP311.135.9

中国版本图书馆 CIP 数据核字(2021)第 107909 号

大学区块链教程

汤汇道 胡东辉 主编 责任编辑 许璘琳

出 版	合肥工业大学出版社		版 次	2022 年 2 月第 1 版	
地 址	合肥市屯溪路 193 号		印 次	2022 年 2 月第 1 次印刷	
邮 编	230009		开 本	710 毫米×1010 毫米 1/16	
电 话	基础与职业教育出版中心:0551 - 62903120		印 张	14	
	营销与储运管理中心:0551 - 62903198		字 数	258 千字	
网 址	www.hfutpress.com.cn		印 刷	安徽联众印刷有限公司	
E-mail	hfutpress@163.com		发 行	全国新华书店	

ISBN 978 - 7 - 5650 - 5229 - 3 定价:68.00 元

如果有影响阅读的印装质量问题,请与出版社营销与储运管理中心联系调换。

前　　言

区块链作为一种新型技术，因其去中心化、公开透明、不可篡改、全程溯源等特性，必将对未来社会经济生活的各个方面产生重要影响。区块链技术已经引起各国政府、企业和学界的高度重视。在大学本科阶段介绍区块链技术，对培养学生的创新思维、促进学科交叉融合、开拓学生国际视野等具有重要的意义。

当前，智能技术、互联网技术在走向人类社会的同时，其安全、互信显得越来越重要。区块链技术作为一种分布式互联环境下的增进信任的技术就应运而生。区块链技术可以从不同的维度去介绍，如从数学和密码学的角度解释其信任原理，从网络和数据库角度解释其分布式实现，从经济学、工业互联网等角度解释其应用。

本教材主要为理工科本科生普及和介绍区块链及其开发、应用技术，所涉及的内容较宽泛，同时也比较基础。其中第一章为概述，介绍区块链的产生背景、发展历程、应用价值和国家政策等；第二章以比特币为例，介绍区块链的基本原理，包括交易过程、链式结构、共识机制、激励机制等；第三章介绍区块链的关键技术，包括技术架构、P2P网络、密码学基础知识、典型共识算法、智能合约等；第四章和第五章介绍目前两个经典的区块链应用开发平台，即以太坊和超级账本，并辅以详细的开发案例；第六章介绍区块链在物联网中的各种应用案例，包括众包系统、大数据交易、车联网、工业互联网、云存储、智能制造等；第7章介绍区块链在金融领域的应用情况。

本书在撰写过程中得到合肥工业大学各级领导以及业内同行的关心鼓励和大力支持，由于人数众多，因此在这里对他们一并表示感谢。本教材编写团队来自合肥工业大学经济学院（汤汇道）、计算机与信息学院（胡东辉、李萌、李磊）和管理学院（廖宝玉），团队本身就体现了学科融合及交叉创新；在编写的过程中，大家开诚布公、激烈讨论并在各关键编写节点达成一致，其过程也体现了区块链的去中心化、零信任等特性。然而，由于编者水平有限、区块链技术发展速度迅猛等主客观原因，因此，本教材中难免还存在诸多不足之处，希望广大读者多提宝贵批评意见。

在教材的撰写过程中，计算机与信息学院研究生李一凡、李雨晨、杜勋在具体章节的材料收集、案例整理等工作中发挥了重要作用；合肥摩卡信息科技有限公司张迎新总经理对相关章节亦有贡献；校出版社张和平总编、许璘琳编辑对本教材的编辑出版都给予了极大支持和帮助，在这里也一并表示感谢。

编　者

2021 年 12 月于合肥工业大学

目　　录

1 区块链概述

本章作为开篇，希望通过概括性介绍，使各位了解区块链技术的前世今生，以及它日益扩大的影响力；进而希望大家有兴趣进入区块链领域，学习它的技术、功能和已经出现的或潜在的应用前景。

1.1 前言

2009 年 1 月 3 日，一个有趣的发明横空出世。中本聪在服务器上生成了第一个比特币区块，这就是所谓的"比特币创世区块"。从此，比特币系统正式启用。

这个系统以数据块为单位存储数据，这就是区块（Block）。大约每隔 10min，就会有新的区块增加上去。每个区块都记录着比特币的详细交易过程，而且带着时间戳。不同区块之间按照时间顺序、通过某种算法相连，这就是链（Chain）。它们合起来，就被称为"区块链"（Blockchain）。

十多年间，无论是比特币还是比特币的底层技术——区块链技术都发生了翻天覆地的变化。具体可扫区块链行业发展大事记二维码。

区块链技术本身是一个生态体系，采用了许多现有技术，包括密码学、点对点传输、数字签

区块链行业发展大事记

• 001 •

名，以及互联网技术等（如图1-1所示）。中本聪只是一个集大成者，后来人们发现比特币的这个底层技术非常棒，并给它起个名字叫区块链。

有不少人误将区块链和比特币等同起来。同时，由于该技术具有去中介、难篡改、可追溯等特性，在过往的数年里，区块链曾被"神化"，也曾被"妖魔化"。

区块链还是一种特殊的数据库。它和传统数据库的区别主要在于，传统数据库里面每一个数据单元就是一个纯粹的数据，而区块链里的每一个数据单元多了两个要素——数字身份和时间戳。另外，很重要的是，这些数据必须在共识机制允许的情况下才能够往上面记账，并不可篡改，这一点是传统数据库做不到的。

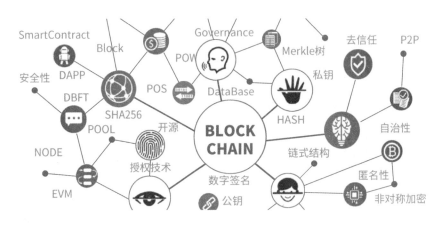

图1-1　区块链技术生态示意图

最后，区块链其实是一个跨学科、跨领域的复合型**技术集合体**（如图1-2所示）。

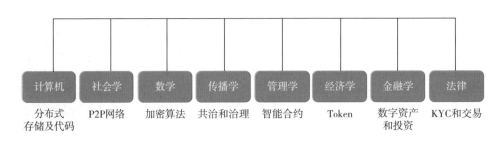

图1-2　区块链——多技术的集合体

区块链技术被称为下一代互联网，所以从某种意义上讲属于计算机学科是毋庸置疑的。区块链的基本结构和思路是这样的，人们把一段时间内的信息，包括数据或代码打包成一个区块，盖上时间戳，与上一个区块衔接起来，下一个区块的页首都包含上一个区块的索引（哈希值），然后再在页中写入新的信息，从而形成新的区块，首尾相连，最终形成了区块链。

区块链技术还要用到数学。举例来说，区块链本质上是交易各方信任机制建设的一个完美的数学解决方案，这来源于一个数学问题，即拜占庭将军问题。在东罗马帝国时期，几个只能靠信使传递信息的围攻城堡的联盟将军，如何防止不会被其中的叛徒欺骗、迷惑，从而做出错误的决策。数学家们设计了一套算法，让将军们在接到上一位将军的信息之后，加上自己的签名再转给除发给自己信息之外的其他将军，在这样的信息连环周转中，让将军们得以在不找出叛徒的情况下达成共识，从而保证得到的信息和做出的决策（如是否攻城等）是正确的。关于拜占庭将军问题，本教材的第三章还会具体介绍和分析。

至于区块链与社会科学中的诸多学科的联系，可以这样说，由于分布式记账技术和密码学特别是非对称加密法等区块链技术的出现，给经典的经济学、金融学、管理学、社会学、传播学、法律等带来巨大的冲击，这些学科涉及的某些理论结构、公司结构、金融结构甚至社会结构等都面临被解构和重构的命运。

现在的区块链就是 20 世纪 90 年代末的互联网

现在的区块链相当于 20 世纪 90 年代末刚刚诞生时的互联网。我们必须清醒地认识到，区块链技术目前还处于初期，尽管区块链技术诞生的标志——比特币已经诞生超过十年，但是作为底层技术，刚刚被人们认识到，且还没有出现更高端的应用。所以我们赞成这样一句话：既不能高估区块链的现在，更不能低估区块链的潜力和未来。

图 1-3 是《电子商务：下个世纪的"印钞机"？》报道的截图，开头的一个场景非常具有代表性和典型意义。

1998 年，8848 网站到当地的工商局，为即将成立的珠穆朗玛电子商务网络服务有限公司申请营业执照。在填写营业范围时，工作人员对他们说："没有电子商务这个门类，你要么做电子，要么做商务。"

在 20 世纪末互联网刚刚诞生不久，人们对新生事物的理解也非常有限，包括对"电子商务"的理解也是一样，所以，工商局的人说出"没有电子商务门类，要么做电子，要么做商务"这样在今天看来"惊世骇俗"的话来。而 20 年后，仅 2019 年阿里巴巴旗下的天猫"双 11"全天成交额就达到 2684 亿元人民币，超过 2018 年的 2135 亿元人民币，再次创下新纪录[①]。

所以，今天，区块链技术的发展，对科技、社会、经济乃至文化的影响刚刚开始。我们无法预测 20 年后，区块链技术发展成为什么样子。

ZOL新闻中心 ZOL首页 > 新闻中心 > 业界新闻 > 正文

电子商务：下个世纪的"印钞机"？

中关村在线 00年01月11日 【原创】 作者： 中关村在线 搜狐

　　1998年，8848网站到工商局，为即将成立的珠穆朗玛电子商务网络服务有限公司申请营业执照。在填写营业范围时，工作人员对他们说，"没有电子商务这个门类，你要么做电子，要么做商务。"

　　1999年刚刚过去一半时，中国的互联网公司，也仅有几家在开展电子商务业务的尝试。但进入下半年，一股强劲的势头突然爆发，大量的网络公司争相开展电子商务活动。"电子商务"对中国各大小媒体连番轰炸，成为一个时髦的词语。网络公司与少数商家，在与各媒体的记者见面时，都不约而同地流露出，只要和电子商务挂上边就有抱着一台"印钞机"的心态。

　　......

图 1-3　《电子商务：下个世纪的"印钞机"?》报道截图[②]

区块链技术的大背景

新一轮科技革命和产业变革席卷全球，大数据、云计算、物联网、人工智能、区块链等新技术不断涌现，所以有人称我们正处在"ABCD"时代（A 是 AI，人工智能；B 是 blockchain，区块链；C 是 clouding，云计算；D 是 big data，大数据）。

大数据时代，现在每个人每天要接触、产生和使用多少数据量呢？海量的数据！面对这些海量数据，如按过去的做法，仅仅靠人工，靠那么几个人肯定是不行的！所以要靠什么？靠软件、靠机器、靠人工智能；其背后都是数学，都是软件代码，靠综合集成的技术——区块链，包括大量的 token，即通证、智能合约

---

① 数据来源：http：// news. zol. com. cn/732/7321598. html
② 具体参见：http：// news. zol. com. cn/2000/0111/1644. shtml

等分布式账本技术、加密技术。如果没有区块链技术和系统支撑的话，是不可能做到或做好的。

数字经济正深刻地改变着人类的生产和生活方式，成为经济增长的新动能。区块链作为一项颠覆性技术，正在引领全球新一轮技术变革和产业变革，有望成为全球技术创新和模式创新的"策源地"，推动"信息互联网"向"价值互联网"变迁。

区块链技术的应用

区块链技术的应用可以这样来界定：区块链技术是一套"信任协议"（the trust protocol），因为信任，它可以促成比互联网更大、更深入的大规模协作；每一条区块链都是一个事实机器（the truth machine），可以在数字世界中以时间顺序来记录事实（或准确说是交易明细），它将大幅减少确权、协商、结算等相关的成本。

区块链的第一层应用是去中心化、不可篡改、全程留痕的账本，它可以取代各种各样的纸质单据，让世界更好地进入数字化。这是所谓的分布式账本类应用。

它的第二层应用是多方互信的账本，因此在账本上的记录可以用来确认把实体或数字世界中的财产从一方转移给另一方。这是所谓的价值传输网络类的应用。

它的第三层应用是可用来辅助多方协同，在这种场景下，区块链上的价值表示物也叫通证，因而这也可以被称为所谓的通证激励体系类的应用。

当越来越多的资产能够以可信、可靠的方式用数字化形式表示时，未来就可能形成数字资产交易相关的市场，推动资源更好地配置。这第四层就是所谓的数字资产类应用。

关于中心化与去中心化

大家可以这样来理解中心化和去中心化（也有观点认为是去中介化），它们是两个极端，中间实际是有过渡的（如图 1-4 所示）。

互联网本来应该是很平等的，2008 年，湖南科技出版社出版了《世界是平的：21 世纪简史》一书（作者是美国的托马斯·弗里德曼著①），书中分析了 21

---

① 详见豆瓣网的介绍 https：// book. douban. com/subject/1867642/

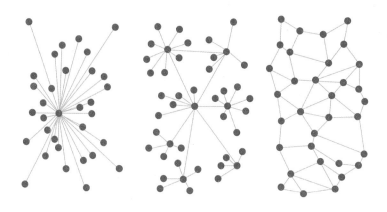

图 1-4 从中心化到去中心化

世纪初期全球化的过程，他认为"世界正被抹平"：这是一段个人与公司透过全球化过程得到权力的过程。作者分析这种快速的改变是如何透过科技进步与社会协定的交合，诸如手机、网络、开放原码程式等而产生的。另外，企业界和学术界也流行讨论过"扁平化组织"，但是现在的互联网公司很多是"中心化"的，有些领域由于网络效应（也称为马太效应）的存在，造成高度垄断。

　　现在，区块链技术出现了，提出去中心化或去中介化。其实，也可以说，大家都是中心，不要有边缘感，因为：我是我的中心，你是你的中心，他是他自己的中心。用《失控》[①]（作者是美国的凯文・凯利）中的这句话来完美地诠释，即："没有开始、没有结束、也没有中，或者反之，到处都是开始、到处都是结束、到处都是中。"

　　过去信息匮乏时，需要构建层级架构和中心，可能效率高一些，而信息量足够大时，对等关系可能就会取而代之。

　　也有观点认为通过"可信网络"（Trustless Network），来实现中心化和去中心化的过渡，如图 1-5 所示。可信网络由五个部分组成：可信身份、可信账本（即区块链）、可信计算、可信存储和高速网络[②]。

---

　　① 全书名称为：《失控：机器、社会与经济的新生物学》，参见豆瓣网介绍 https：//book. douban. com/subject/5375620/

　　② 古千峰：WEB3.0，一个点对点可信互联网，https：//www. jianshu. com/p/a77c3d6027be

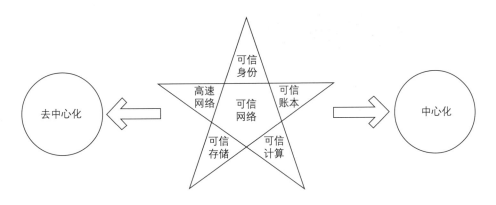

图 1-5　可信网络（Trustless Network）

区块链技术在中国

2016 年国务院印发了《"十三五"国家信息化规划》，首次将区块链纳入新技术范畴并做前沿布局，标志着我国开始推动区块链技术和应用发展。规划中明确指出："物联网、云计算、大数据、人工智能、机器深度学习、区块链、生物基因工程等新技术驱动网络空间从人人互联向万物互联演进，数字化、网络化、智能化服务将无处不在。"①

2019 年 10 月 24 日中共中央政治局就区块链技术发展现状和趋势进行第十八次集体学习，中共中央总书记习近平在主持学习时强调，区块链技术的集成应用在新的技术革新和产业变革中起着重要作用，要把区块链作为核心技术自主创新的重要突破口，明确主攻方向，加大投入力度，着力攻克一批关键核心技术，加快推动区块链技术和产业创新发展。

据不完全统计（截至 2019 年），国家互联网信息办公室备案区块链企业超过500 家，31 省市出台区块链政策，产业园布局达 20 个。不仅如此，据中国信息通信研究院发布的《区块链白皮书（2019 年）》称，放眼全球，北京、深圳、上海、杭州区块链企业数量名列前茅；在全球公开的 1.8 万余件区块链专利申请数量中，中国占比超过半数，居全球第一……中国区块链已在技术、产业发展、应用等方面走在全球前列②。

---

① 详见《国务院关于印发"十三五"国家信息化规划的通知》。

② 参见：https://www.chainnews.com/articles/883233045994.htm

1.2 区块链的发展史

区块链的发展已经从区块链 1.0、2.0 发展到区块链 3.0 了，甚至有区块链 4.0 的说法。

1.2.1 区块链 1.0

区块链 1.0 是区块链技术在货币和金融方面的应用，诸如货币转移、汇兑和支付系统，可以称之为**"可编程货币"**。

首先，它是去中心化的，由以前单方维护的数据库，变成了多方共同维护，大家凭借共识一起写入数据，没有谁可以单独控制全部数据。

其次，它让大家从各记各的账，变成共同记账，从而使数据保持一致和公开透明。

此外，区块链只允许写入数据，不允许删除和修改数据，这样可以防止数据被篡改，使陌生人之间建立起彼此的信任。

浙江大学陈纯院士总结区块链的一个核心思想，就是：单点发起、全网广播、交叉审核、共同记账。包括分布式架构、共识算法、智能合约等在内的一系列技术促成区块链的实现。

例如，如果让大家设计一个账户资金的转账功能，你会怎么做？大部分人的设计方案可能是这样的：

发送方 A 向网络发一份广播，其内容为"从 A 地址转账 1000 美元给 B 地址。同时附上 A 地址私钥的签名"。网络各节点收到广播，校验签名合法，于是从 A 地址扣掉 1000 美元，给 B 地址加上 1000 美元。

让我们看看比特币协议创造者中本聪的方案：

发送方 A 向比特币网络发一份广播，其内容是这样的："我要转账 1BTC 给接收方 B，并且我能提供一段脚本，这段脚本作为钥匙可以打开这 1BTC 上的锁；同时，我根据接收方 B 的要求为这 1BTC 加一把新的锁。"

网络各节点收到广播，运行脚本，发现 A 提供的脚本确实能"开锁"。于是根据 A 的指令给这笔比特币换上了一把 B 才能打开的"新锁"。当接收方 B 想使用这 1BTC 时，只要能提供一段脚本作为钥匙打开这把新锁就行。

乍一看，中本聪的设计似乎非常烦琐和反直觉，然而这样的设计是很有道理的：脚本可以编写的内容非常灵活，远远超出了一对一转账的范畴。你可以约定 B 和 C 必须同时签名才能支配这一个比特币（担保交易），也可以约定 BCD 中任意两人签名就能支配（联名账户）；你可以约定必须在一年后才能支配这一个比特币（延时支付），也可以约定任何人都可以（撒钱）或不可以（烧钱）花费这一个比特币。

通过比特币内置的这套脚本语言，你可以灵活地编写出各种各样的约定，这样的约定被称为"合约"。

1.2.2　区块链 2.0

区块链 2.0 是智能合约在经济、市场、金融等领域全方位的应用，诸如：股票、债券、期货、贷款、按揭、产权、智能资产等，可以称之为**"可编程市场"**。进一步地，如果我们把这里的比特币替换成其他东西，加上这套脚本合约系统，可以实现无穷无尽的功能，这正是区块链 2.0 的核心概念——智能合约及其在各类商业领域中的应用前景。

如果用互联网协议来做类比，那么区块链 1.0 就相当于 TCP/IP，而区块链 2.0 就相当于 HTTP、SMTP 和 FTP 等高级协议。

区块链 2.0 的典型代表是以太坊（Ethereum）和超级账本（Hyperledger），两者分别代表了区块链的两个重要发展方向：应用于公众的公有链和应用于企业的联盟链。

1.2.2.1　以太坊

以太坊（Ethereum）的概念在 2013 至 2014 年间由程序员 Vitalik Buterin 受比特币启发后首次提出，大意为"下一代加密货币与去中心化应用平台"。项目的官方网址是 https：//www.ethereum.org。

以太坊是一个去中心化的能够运行智能合约的平台，它可以被看作是一台"全球计算机"：一台任何人都可以上传和执行应用程序，并且程序的有效执行能得到保证的计算机。这种保证依赖的正是以太坊系统中鲁棒性极强、去中心化、由全球成千上万的计算机组成的共识网络。正如以太坊的愿景是创建一个无法停止、抗屏蔽（审查）和自我维持的去中心化世界的计算机。

和其他区块链一样，以太坊需要成千上万的人在自己的计算机上运行一个以太坊客户端软件，为该网络提供动力。要在这一去中心化世界的计算机上做任何事情都需要付费，不过付的不是人民币或美元等普通货币，而是该网络自带的加密货币，叫作以太币（Ether，简称 ETH）。

关于以太坊的具体介绍和技术细节，参见本教材第四章相关章节。

1.2.2.2 超级账本

2015 年 12 月，由开源世界的旗舰组织 Linux 基金会牵头，30 家初始企业成员（包括 IBM、Accenture、Intel、J. P. Morgan、R3、DAH、DTCC、Fujitsu、Hitachi、Swift、Cisco 等）共同宣布了 Hyperledger 联合项目成立。超级账本项目为透明、公开、去中心化的企业级分布式账本技术提供开源参考，实现并推动区块链和分布式账本的相关协议、规范和标准的发展。项目官方网站地址为 https：//www.hyperledger.org。

作为一个联合项目，超级账本的目标是让成员共同合作，共建开放平台，满足来自多个不同行业的各种用户案例，并简化业务流程。由于其具有点对点网络特性，分布式账本技术做到了完全共享、透明和去中心化，所以非常适合于金融行业，以及其他诸如制造、银行、保险、物联网等行业。通过创建分布式账本的公开标准，实现虚拟和数字形式的价值交换，例如资产合约、能源交易、结婚证书，能够安全、高效和低成本地进行追踪和交易。

所有项目一般都需要经历提案（Proposal）、孵化（Incubation）、活跃（Active）、退出（Deprecated）、终结（End of Life）等 5 个生命周期。任何希望加入超级账本社区中的项目，必须由发起人编写提案，描述项目的目的、范围和开发计划等重要信息，并由技术委员会进行评审投票，评审通过则可以进入社区内进行孵化。项目成熟后可以申请进入活跃状态，发布正式版本，最后从社区中结束并退出。

关于超级账本的具体介绍和技术细节，参见本教材第五章相关章节。

1.2.3 区块链 3.0

区块链 3.0 则是超越货币、金融、市场之外的应用，特别是在政府、医疗、科学、文学和艺术等领域的应用，可以称之为**"可编程社会"**。

2015 年英国《经济学人》杂志封面文章介绍区块链时，提出了"信任的机器"的概念。因为现在整个世界就是一个因为信息技术、网络通信技术而联系在一起的机器，我们只不过是这个大的社会机器、经济体的一个成员或分子而已。

我们现在可以通过大规模的在线协作、远程终端工具和区块链技术，形成一个互联网世界、一个大社会机器、一个大的世界计算机。现在人们通过一个终端，就可以实现远程控制，比如智能家居，你可以遥控你家里面的摄像头、传感器，可以调节空调、控制室内温度等。

所以现在有的学者认为有三个世界：物质世界、精神世界及其中间的数字世界。既然是数字世界，它就是可以计算的，既然是数字世界，它就可以用软件控制，所以又可称其为可编程社会。

可以想象的是，当社会的各个领域广泛使用了区块链，它将成为信息时代的重要基础设施，能解决很多当前令我们头疼的事情。

比如，区块链（当然还包含和依赖其背后和周围重要的技术之间的协同，如大数据、人工智能、物联网等）将使无数信息的孤岛被"链"在一起，看病不必因为换个医院就要做重复检查，创业者不必为了办一个手续跑多个部门；很多交易不再需要第三方担保，消费者不再担心押金无法退还，创作者不必担心作品被盗用而一无所得……

未来，区块链可以给我们的生活带来更多的、无法想象的改变。

1.2.4 区块链4.0

我们还可以延伸提出可能属于未来的阶段，即区块链4.0，也可以称之为**"可编程世界"**。

十多年前横空出世的区块链，十年后将开辟出什么样的新世界？

区块链技术可能成为全球计算范式的下一轮重大创新，即第五次颠覆式创新（前面四次分别是：大型机、个人PC、互联网、移动互联网和社交网络）。它有潜力重塑人类社会活动形态。

当然，区块链技术目前尚处于一个不稳定的阶段，而且在发展中伴随着许多的风险。

随着区块链技术的不断普及，通过使用无法篡改数据的分布式账本，以分布式的计算机运行维护数据，使得基于区块链的数据真实性有了保障。人们无须通过信任某个机构来选择服务，区块链为整个人类社会搭建了一个"无须信赖组织"的社会。

借助区块链技术，人类可以充分实现无须可信第三方的价值表示和价值转移，大大弱化中心化平台的作用；同时构建起以价值流通为核心的去中心化产业生态，为贡献者提供充分的激励，将会彻底改变依赖于平台流量的传统经济模式，并且让消费者成为生态中的主角。区块链世界中，消费者、劳动者、创造者、投资者和传播者五位一体，人们通过共识机制和智能合约实现共同利益的共享，减少原来生态中相互的摩擦系数，通过数字资产的升值获得最大的利益。

区块链技术通过提供支付、去中心化交易、数字资产的调用和转移，以及智能合约的发布和执行等，从而无缝地嵌入到网络经济层。

区块链不仅能用于交易，还能作为一种用于记录、追踪、监测、转移所有资产的数据库和库存清单。

一个区块链很像一种登记了所有资产的巨型电子表格，一种记录了任何形式的资产归属以及在全球范围内交易信息的会计系统。

因而，区块链可以用作任何形式资产登记、库存盘点和交易信息的记录，这涉及金融、经济中的有形资产（房子、车子等）和无形资产（投票结果、主意、名声、意图、健康数据等）等各个领域。

区块链作为一项重点前沿技术，世界各国都意识到需加强区块链等新技术的创新、试验和应用，以实现抢占新一代信息技术主导权。

所以，如果区块链技术应用于中国的"一带一路"倡议上（如图1-6所示），应用于人民币国际化，应用于构建"人类命运共同体"等方面，也将具有非常广阔和深远的价值和意义。

图1-6　区块链技术与"一带一路"倡议

1.3　区块链为什么如此重要

区块链技术发展和应用，将重构人类社会在线上、线下的价值信用体系。通过一系列共识机制和价值分享活动，人类社会在信息文明时代新的价值度量衡体系得以构建，这也是新的诚信体系、价值体系和秩序规则体系。

信息互联网让人们体会到了互联网技术对于便利人与人沟通、减少信息不对称的价值；价值互联网让人们看到了区块链对于物质和服务增值、数据资产增值、社会价值体系重构的潜力；秩序互联网则让人们看到借由区块链等技术手段创新社会组织方式、治理体系、运行规则的前景。这些重大提升和演进是由区块链技术自身所具有的分布式数据存储、去中心化、不可篡改、可追溯、去信任等特性所决定的。

1.3.1 区块链是下一代互联网——价值互联网

过去的互联网是什么？是信息互联网。信息现在真是无处不在，我们每天接触的信息都是海量的。

区块链则是下一代的互联网技术。如果说互联网对于通信来讲是一种突破，那么区块链对于互联网来讲也是一个突破。

区块链作为一种新的理念，把链上所有参与方的数据都聚集在同一个共享账本里，最大限度地避免由于信息不对称和篡改数据导致的不诚信问题。

我们把一些有价值的数据界定为数字资产，那么对待这类数据不能太随意，它必须有身份，将数据的产生者、数据的操作者、数据的生命周期都要记到链上。

信任是世界上任何价值物转移、交易、存储和支付的基础，缺失信任，人类将无法完成任何价值交换。最初人们靠血缘和宗族，后来靠宗教和道德，再后来靠法律和组织来建立信任。现在，随着互联网由传递信息、消除信息不对称的信息互联网向传递价值、降低价值交换成本的价值互联网进化，人们可以通过数学算法和软件代码来建立信任。

过去通过互联网传输的信息，是可以更改的，而区块链技术传输的数据则不可更改。因为，只要一个区块的数据发生变化，这个区块的哈希值就会变化。那么，由于上下区块相连，上一个区块的变化意味着下一个区块的输入发生变化，于是下一个区块的哈希值也会发生变化。这类似人类的基因，不能更改。所以，区块链记录的是高价值的数据或资产。

1.3.2 区块链是数字经济时代的基石

在我们现在面临的物质世界、精神世界和数字世界这样的三个世界中，物质世界，即我们看得见的、摸得着的、生活中的一些东西。比如这是大楼，那是道路，这都属于物质世界的，也属于传统世界。精神世界，就是我们想象中的、思想里的东西，这里涉及心理学和其他学科，当然人类对心理世界了解和研究还远远不够。数字世界，是由信息技术（IT）和互联网革命引起的，说到底就是由 0、1 组成的世界，过去认为是虚拟世界，是很虚的。但是现在我们越来越重视它了，因为这里有我们不可或缺的数字经济、数字战略，还有数字资产。

美国学者尼葛洛庞帝（Negroponte）在其 1996 年出版的《数字化生存》一书中提出，人类生存于一个虚拟的、数字化的生存活动空间，在这个空间里人们应用数字技术（信息技术）从事信息传播、交流、学习、工作等活动，这便是数字化生存（Being Digital）。我们现在用的手机，就是一个非常高性能的电脑，理论上现在我们说的每句话、每一个足迹，手机其实都能跟踪定位的，这些痕迹也都上云端和数字化了。

在我们的精神世界和物质世界中间有一个数字世界，这个数字世界跟物质世界或现实是一一映射的。有没有可能把我们的精神世界也一一映射呢？现在可能还做不到，但是未来是可以的。

在现实世界中，人与人的沟通与协作一般通过家庭、社区、单位等各种形式实现。它们在人与人沟通与协作中起到的最关键的作用是：建立信任。没有这些中介化的社会组织，很难想象作为个体的人和人之间会产生协作。协作是推动社会发展、科技进步的最重要的因素。没有协作，可能至今人类仍停留在茹毛饮血的原始状态。然而，在数字世界里，这种协作的纽带发生了变化。算法成为数字世界中人与人之间的纽带，通过算法把个人的权利与义务进行明确划分，同时这些算法通过区块链技术，不可篡改地固化下来，成为合作与协作的共识。这种共识无须家族族长维护，无须公司领导及各职能岗位维护，无须国家的警察军队维护，无须宗教领袖维护，无须统治阶级维护，它是一种共同制定并遵守的规范。要让算法成为数字世界中协作的纽带，仅仅依靠作为可信账本的区块链技术，还远远不够。我们还需要可信网络来带动，即可信身份、可信账本、可信计算与可信存储共同来实现。作为物理世界与数字世界的桥梁，我们还需要一系列软件技术和硬件基础。硬件技术就是基于高速通讯的点对点网络，软件技术则是公私钥体系，如图 1-7 所示。

图 1-7　物质世界通过网络等技术与数字世界对接

1.3.3　区块链技术是人类进入智能社会的关键

对人类发展历史，有一个分类就是从农业文明到工业文明，后面是信息社会，或者叫后工业化时代，再后面，则是高度智能化社会。在高度智能化社会中，区块链技术和区块链网络则是其重要的基础设施之一。

麦肯锡的数据显示，2017 年，全球所有金融中介机构的年总收入为 5 万亿美元。约占全球金融体系总值 262 万亿美元资金的 1.9%。人们可能会想，"是否有可将 1.9% 大幅降低的优质服务或解决方案？"答案是肯定的——自动化。自动化来自采用创新技术，例如区块链、人工智能（AI）、5G、物联网（IoT）和量子计算。区块链的固有特点（透明性，可访问性，可追溯性，可分割性，即时结算，安全性，可靠性和去中心化）使其可有效整合各种技术，实现重塑传统金融体系。

数字资产将成为未来数字智能经济的基石。随着数字革命在新兴技术（即人工智能、机器学习、物联网等）的推动下加速发展，区块链作为价值交换渠道发挥关键作用，将消除人们对集中式中介的需求。

2016 年之前，没有多少人在意个人数据如何暴露在互联网，被他人收集使用。但 AI 技术的成熟，让人们突然发现，在机器学习等 AI 算法的帮助下，收集用户数据的机构可以拿着我们的数据做很多事、赚很多钱。

我们的数据因为 AI 算法，突然变得非常有价值。既然有价值，人们一定不希望把数据送给机构，尤其是免费地送给机构。数据是用户的，机构拿走用户的个人数据，经过用户同意了吗？机构利用用户的数据获得那么多价值，用户获益了吗？

这个问题怎么解决？可以使用零知识证明、同态加密、安全多方计算等密码学算法，再结合区块链技术，才能确保用户数据的隐私性。区块链能将用户的个人数据变成资产，既为用户提供收入，又防止用户个人数据被滥用。

区块链的用户数据隐私保护是一个新方向，接下来预计会看到越来越多的创业者和密码学专家加入了这个行业，投入大量资源进行研究。现在这个方向已经非常明确，通过加密算法保护用户隐私数据，通过区块链激励机制在机构和用户之间分配价值。

这是区块链的优势所在。

基于区块链的上述特性，它通过技术实现规则层面的重构，或将带来生产关系的变革，这对于整个社会和经济发展的意义重大。如果说人工智能是生产力，大数据是生产资料，那么区块链就是生产关系，它一方面为大数据、人工智能提供技术支撑，另一方面又能在人与人的生产协作方面产生重大的变革和影响。

1.4 如何监管区块链——中外政策

在区块链 1.0 时代，以比特币为例，因为它号称"币"，所以各国货币当局都在严肃思考：它是否是一种货币，怎么应对、如何监管。有人认为，比特币的资产属性大于货币属性。比特币更多的是一种数字资产。从某个时期来看，它有一定的投资回报，这也是全球许多投资机构重视它的原因。目前，像比特币这样的"虚拟货币"全球有几千种，而数字资产交易所有上万家，可见这一领域的交易火爆。基于此，各国相关监管机构如何监管这样的数字资产，成为很重要的课题。

如何管？首先是如何定性？如果把它定义为货币，则应该依照货币的管理办法；如果说它是资产，那就依照资产的管理办法；如果说它是商品，那就依照商品的管理办法。定性不同，决定了管理办法和监管部门的不同。

应当说，"虚拟货币"是一个全新的事物，各国的监管态度和争议较大。在美国，目前监管"虚拟货币"的部门有两个：一个是美国证券交易委员会（SEC）；另一个是美国商品期货交易委员会（CFTC），它把虚拟货币当作商品来看。

目前我国是把"虚拟货币"当成邮票一样的物品来管理，且严禁以代币为融资标的的融资活动，尤其是初始代币发行（Initial Coin Offerings，简称为 ICO），这是 2017 年 8 月我国央行明确规定的，正式明确了在中国境内不得开展 ICO。另外，2017 年 9 月，我国还正式取缔了比特币和人民币的直接交易。也就是规定，我国金融机构和各家银行不接受比特币作为支付工具，也就是不提供比特币兑换。2021年5月18日中国互联网金融协会、中国银行业协会和中国支付清算协会联合发布的《关于防范虚拟货币交易炒作风险的公告》要求"会员机构坚决抵制虚拟货币相关非法金融活动"，且提示"社会公众不参与虚拟货币相关交易炒作活动"。2021年5月21日，刘鹤主持国务院金融稳定发展委员会第五十一次会议，会议要求：要"强化平台企业金融活动监管，打击比特币挖矿和交易行为，坚决防范个体风险向社会领域传递"。

1.4.1 国外的区块链政策

身处信息化和智能化的时代，世界各国正在积极向数字化转型，而区块链作为数字时代的前沿技术成为各方重点关注的领域，从世界范围来看，各国政府对区块链行业的态度不一。

多数国家重视区块链技术在实体经济中的应用，少数国家对区块链及加密货币持开放的态度。随着各国对区块链技术的深入探索和试验，相关部门出台了各类有针对性的政策。根据杭州数秦研究院对54个国家（地区）和组织的跟踪调查，有19个国家在2016年至2019年4月之间相继出台了各类政策和措施，积极推动区块链技术与各类产业的结合与试点。其中，美国、英国、德国、韩国、新加坡等国对于单纯的区块链技术发展已出台多项政策。区块链技术作为国际竞争力的表现之一，已被多数发达国家和发展中国家列为国家经济发展战略之一，其目的是试图加快和推动对区块链落地应用的研究。

除了监管因素，区块链的进一步发展和应用也面临着标准不统一、基础设施不完善等挑战。

对于监管部门而言，区块链技术的产生和普及也意味着监管方式需要革新。尤其是网络匿名和去中心化会给区块链监管带来挑战。

中国人民大学杨东教授[①]强调，适当的监管机制将是必不可少的组成部分，这种监管必须根据区块链的发展不断调整，适应不同阶段的需求。在区块链技术尚未成熟之前，监管应着力服务于区块链的健康发展，以及对可能存在的风险加以防范和预见。杨东建议，借助监管科技（RegTech），也就是"技术驱动型监管"，进行主动、动态、分布式、及时有效的监管。

---

① 杨东. 链金有法：区块链商业实践与法律指南. 北京航空航天大学出版社，2017.

"对区块链进行监管需要打破传统，采取一些新型方式。其中最为重要的就是'以链治链'，也就是建立起'法链'（RegChain），借助区块链技术来对区块链行业进行监管。若区块链技术被用于监管而非将监管者排除在外，那么，基于区块链的规制系统将有助于提高监管的有效性。"杨东表示，以区块链技术为依托的监管科技（RegTech），可以构建内嵌型、技术辅助型、解决政府与市场双重失灵并考虑技术自身特性的有机监管路径。

区块链兴起也带来了金融风险和监管不匹配等问题，如何平衡机会和风险成为各国政府和金融监管机构面临的挑战。目前落地效果较好、在全球范围内得到复制推广的三类先行的经验是：监管沙箱制度、分类监管和行业准入管理。此外，监管进步离不开动态调优，新加坡货币管理局在动态监管上的经验值得借鉴。

（1）监管沙箱[①]

监管沙箱（Regulatory Sandbox）是一种允许技术创新在测试环境下低成本快速试错的制度。2016年5月，英国金融行为监管局（FCA）率先提出监管沙箱，拟在限定的范围内简化市场准入标准和流程，在确保消费者权益的前提下允许科技创新快速落地运营，根据其在"监管沙箱"的测试情况决定是否准予推广。

监管沙箱本质上是一种金融产品创新的测试机制、消费者保护机制和激励机制，具体运作流程总体上分为三步：申请、评估和测试（及报告）。在监管沙箱制度下，FCA对拟参与监管沙箱的企业进行筛选，进入监管沙箱测试的企业可获得测试新产品或服务的有限许可。但通过测试并不意味着产品或服务可直接进入市场，若企业想面向市场全面推广产品或服务，仍需获得监管许可并达到诸多监管标准。

英国推行监管沙箱后激励效果显著，这一制度也受到了其他国家积极效仿，如新加坡、澳大利亚、日本、美国、加拿大和以色列等。

其中，澳大利亚监管沙箱注重申请流程的时效性和风险控制，而新加坡监管沙箱注重打造新加坡Fintech生态系统[②]。

① 监管沙箱制度及其实践探析．链接地址：https：//www.sohu.com/a/161243739_465463
② 边卫红．Fintech发展与"监管沙箱"——基于主要国家的比较分析．金融监管研究，2017（7）．链接地址：https：//mp.weixin.qq.com/s/3POc4BsxEdobdq29jAzGcA?

（2）分类监管

分类监管主要针对进行通证发行的区块链应用，按照虚拟货币的性质有针对性地纳入监管体系，对虚拟货币采用分类监管的制度可构建有层次的区块链监管环境。

实施分类监管制度的国家中最具代表性的是瑞士。2018 年 2 月瑞士金融市场监督管理局（FINMA）发布指导文件①，基于虚拟货币的用途及所附权利来界定虚拟货币的类别，将其分为三类：一是支付类虚拟货币。作为购买货物或服务的支付手段，或价值转移的方式，这类虚拟货币受《反洗钱法》的监管。二是实用类虚拟货币。以区块链为基础，为用户授予使用数字产品或服务的权利，这类虚拟货币一般不被认为是证券，但若有主要投资特征，也会被作为证券，适用证券法。三是资产类虚拟货币。代表资产，这类虚拟货币受《证券法》的监管。虽虚拟货币分为以上三类，但虚拟货币分类并不唯一。

除瑞士之外，美国、新加坡和澳大利亚也将不同属性的虚拟货币纳入不同监管框架。

（3）行业准入管理

准入管理是指对于要进入市场的项目，当局要求其满足市场准入条件并获得经营资格。在确定了分类管理适用的监管框架后，对其进行信息披露、注册批准环节的监管覆盖是保护市场各方参与者权益的必要条件。

在美国，很多联邦监管机构对虚拟货币的看法都不相同，对应的各州之间的监管法规也不同②。2017 年 7 月美国商品期货交易委员会（CFTC）批准了一家比特币期权交易平台进行比特币的清算和结算③，并在 2018 年 5 月发布了一份虚拟货币衍生产品上市建议性声明，该声明给交易所和结算所提供了清晰的监管信息。同年，纽约州金融服务局（NYSDFS）提出 Bit License 监管法案，规定交易所在从 NYSDFS 获得 Bit License 的前提下可在纽约州交易加密货币④。

日本的《资金结算法》修正案和配套法令界定了虚拟货币交易平台的法律性

---

① 瑞士金融市场监督管理局 2018 年 2 月 16 日颁布 ICO 指南通稿．链接地址：http：// www.sohu.com/a/223567068＿481741

② 美国各监管机构对加密货币的看法仍不一，但监管方向大同小异．链接地址：http：// sh.qihoo.com/pc/9be1413a4262588a4？sign＝360＿e39369d1

③ 美国 CFTC 批准 LedgerX 比特币期权交易．链接地址：http：// www.sohu.com/a/159738250＿189372

④ 美国数字货币监管考量及对我国的启示．https：// www.sohu.com/a/222344021＿100112719

质和业务范围，并设置了相对应的监管规则和经营规则。其中，修正案和配套法令规定的拒绝注册登记事由包括：不满足审慎性条件——具体要求为资本金不低于 1000 万日元且净资产额不为负，其他的拒绝注册登记事由还包括提交的资料形式不适当、主体资格不适当、内部体制不足以实现合规等①。

（4）动态监管

新加坡在动态监管上做出了示范，其监管政策的发展经历了初期试水、正式出台和全面认识三个阶段②③。

① 初期试水阶段。新加坡货币管理局（MAS）借鉴英国的监管沙箱制度，根据新加坡具体情况推出自己的监管沙箱制度，旨在为金融企业创新给予大力支持，为区块链企业提供创新空间。

② 正式出台阶段。2017 年 8 月，MAS 正式发表关于首次币发行项目监管的声明文件，声明表示若发行的数字货币包含资本市场商品，具有资本投资属性，将根据《证券期货法》受到 MAS 监管。同时，如果发行的数字货币符合《证券期货法》的描述，则在首次币发行项目推行之前，必须在 MAS 提前备案，并且在发行和交易的过程中必须符合《证券期货法》和《财务顾问法》的相关要求，除非获得豁免许可证，且符合反洗钱和反恐怖融资的规范和要求。2017 年 11 月，MAS 又发布了《数字代币发行指引》，指引表示一旦首次币发行项目发行的数字货币符合《证券期权法》对股票的定义，除非发行方获得豁免，否则需事先向 MAS 提交售股说明书。指引还对数字货币的发行平台、财务顾问和代币交易平台也要求根据《证券期货法》和《财务顾问法令》获取相应牌照，并使其符合反洗钱、反恐怖融资等要求。

③ 全面认识阶段。2018 年 3 月，MAS 明确表示 MAS 未直接监管数字货币，但会持续关注并表示看好数字货币的未来。MAS 在密切关注的同时做到：关注与加密数字货币相关活动；评估项目不同类型的风险；思考相应的监管措施；确保不扼杀创新。通过此次演讲，MAS 再次强调其对首次币发行和数字货币的开

---

① 杨东，陈哲立 . 日本经验与对中国的启示 . 证券市场导报，2018. 链接地址：http：// mini. east-day. com/mobile/180322120351596. html#

② Howmuch. net，Bitcoin's Legality Around The World，2018. Available from：https：// howmuch. net/articles/bitcoin－legality－around－the－world

③ 新加坡数字货币政策汇总，了解第三大首发项目融资市场 . 链接地址：https：// www. sohu. com/a/240544744＿100165543

明态度。

面对区块链行业的快速变化，只有及时评估监管政策的适应性，并持续优化，才能达到在保障行业活力同时又不失规范有序的效果。

1.4.2　中国的区块链政策

2016 年国务院发布的《"十三五"国家信息化规划》首次将区块链纳入新技术范畴并做前沿布局，标志着我国开始推动区块链技术的应用和发展。随后，各个部门积极响应并出台各类政策，对区块链行业提出指导意见，助力其行业发展。2018 年至 2019 年，国家互联网应急中心和国家网信办先后出台《区块链平台安全技术要求》和《区块链信息服务管理规定》，旨在促进区块链技术服务的安全和健康发展，为行业发展提供有效的法律依据。国家发改委、教育部、央行等也纷纷出台意见、报告等，积极探索区块链技术及其应用场景。2019 年中共中央强调，要把区块链作为核心技术自主创新的重要突破口，明确主攻方向，加大投入力度，着力攻克一批关键核心技术，加快推动区块链技术和产业创新发展。

中国信息通信研究院发布的《区块链白皮书（2019 年）》（以下简称《信通院白皮书》）显示，截至 2019 年 8 月，全国共有 2450 家区块链企业。其中 38% 的区块链企业集中在加密货币领域，23% 的企业专注于区块链技术研发，互联网、金融业为其应用最多的两个领域。

2019 年 2 月 15 日《区块链信息服务管理规定》正式实施以来，国家互联网信息办公室依法依规组织开展区块链企业备案审核工作，于 2019 年 3 月和 10 月发布两批境内区块链信息服务企业名称及备案编号，第一批共 197 个，第二批共 309 个。这是我国区块链行业走向合法合规的基础。

目前国家及地方层面已形成自上而下的区块链政策"矩阵"。

截至 2019 年底，国家层面已出台了 24 项区块链相关政策，不仅涵盖了区块链在技术研究、标准制定、监管规范、先行示范等方面的规定，同时也涉及供应链、工业互联网、物流、零售、教育、食品等领域的应用。仅 2019 年，就出台了七项政策。例如，1 月 10 日，国家互联网信息办公室发布《区块链信息服务管理规定》，规范了我国区块链行业的发展，意味着我国正式迎来区块链信息服务的"监管时代"。8 月 27 日，国家发改委审议通过了《产业结构调整指导目录（2019 本）》（下称《目录》），并计划于 2020 年 1 月 1 日起施行。该《目录》在

"鼓励类"信息产业中增加了"大数据、云计算、信息技术服务及国家允许范围内的区块链信息服务",成为我国区块链发展的重要支撑性文件。之后,《目录》经由国家发改委修订后,在第一次征求意见稿中将处于淘汰产业的"虚拟货币挖矿"删除。11月,工信部发布《对十三届全国人大二次会议第1394号建议的答复》称,将推动成立全国区块链和分布式记账技术标准化委员会,体系化推进标准制定工作。

地方层面公开数据显示,截至2019年底,全国有北京、上海、江苏、湖南、浙江等31个省、自治区和直辖市陆续出台涉及区块链的政策信息,在技术、产业和应用三个方面布局区块链。

技术上,各地重点从积极探索、搭建自主知识产权的区块链底层基础平台,鼓励区块链技术的创新研究和应用两方面入手。

产业上,多地已设立区块链产业基金,通过建设产业园和研究院、人才培养激励等方式撬动区块链发展。据不完全统计,全国有9个省(市)政府根据自身条件推出了区块链产业基金,总规模约400亿元。

应用上,各地在数字金融、互联网、智能制造、供应链管理、数字资产交易、物流、公益、农业、政务等重点领域对区块链技术的应用不胜枚举。

1.5 区块链技术与产业版图

区块链作为一项新的技术范式、底层技术,是下一代互联网技术。区块链等新技术的爆发性增长对经济和社会的影响将超过历史上任何时期。

提到区块链产业,可以从两个角度或层级来分析,一个是区块链技术行业本身的发展,可以说是狭义的区块链产业。它应该包括初步形成的以区块链底层技术为基础、以硬件制造和挖矿设施为行业发展动力、以区块链应用为终端表现形式、以区块链安全为保障的完整产业链条。其中,区块链底层技术主要以公有链、私有链和联盟链为核心;硬件制造和基础设施包括芯片、矿机、钱包、矿池和交易所;区块链应用包括了区块链服务平台和区块链游戏、金融、生活等相对应的DApp。另一个角度或层级,是区块链+其他行业或产业的发展,是区块链技术的广泛应用,属于广义的区块链行业或产业版图。

区块链比较成熟的应用场景,主要包括产品溯源、供应链金融、权证存真、数据安全和数字资产确权增值等方面,具体如金融、医疗、制造、农业食品、扶贫慈善等。

图 1-8 是区块链产业版图，其中最下面是底层技术层面，包括底层公有链、联盟链和私有链、侧链跨链等。中间贯通的为通证经济的设计和社群治理等，通证经济设计通过正负激励来刺激生态的发展。最上端的是为实体经济服务的具体应用，包括金融服务、身份认证、社会应用和公共事业等。其中，围绕区块链产业衍生出来的服务性或者周边服务行业，包括人才培养、行业组织和研究机构、咨询平台、专利以及监管等。

本书主要对象是高等院校学生，所以，后面有两个章节重点介绍区块链技术在物联网、智能制造和金融等领域的应用。

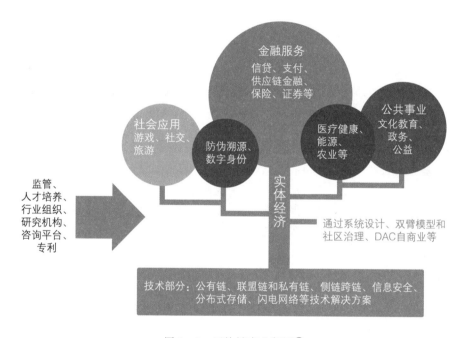

图 1-8 区块链产业版图①

面对百年未有之大变局，面对汹涌而来的创新大潮，面对日益竞争激烈的全球市场，我们应该深刻认识和把握区块链技术在产业革命和产业创新中的重要作用，扬长避短，走出中国特色的区块链发展之路。

---

① 图片来源：《区块链技术应用白皮书（2018）》，清华大学互联网产业研究院、链塔智库，第32页（使用时略作修改）。

1.6 区块链＋

1.6.1 什么是区块链＋

所谓"区块链＋"就是区块链＋各种传统行业，但不是简单的两者相加，而是利用区块链技术，通过融合、共享和重构等方式助力传统产业升级，重塑信任关系，提高产业效率，弥补各实体产业间的信息不对称，解决诸如金融脱实入虚等问题，建立高效价值传递机制，实现传统产业价值在数字世界的流转，帮助商流、信息流、资金流达到"三流合一"，进而推动传统产业数字化转型并构建产业区块链生态。图1-9是区块链＋产业图景。

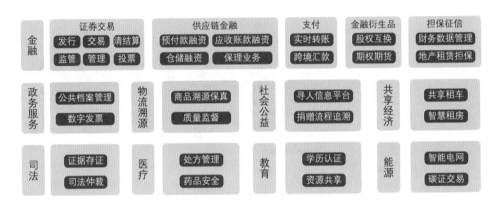

图1-9　区块链＋产业图景①

当然这也仅仅是冰山一角。区块链落地的主流方向将会是：基础设施方向将是数字身份、征信信息和区块链技术应用等；而版权、教育、就业、养老、精准脱贫、医疗健康、商品防伪、食品安全、公益、社会救助等领域将是区块链在B端落地的先行方向；在C端的落地、实验、实践的先行试点方向将是电商、零售、游戏、物流、旅游、媒体等。

未来会有更多的交易和信息交换通过区块链建立互联互信体系。这将使我们每个人的生活产生巨大的改变，民众吃上放心食品、用上放心药，医疗保险体系

---

① 图片来源：《2019腾讯区块链白皮书》，腾讯研究院，第11页（使用时略作修改）。

更加高效快捷，各种流通交易的票据将实现从一个物理世界搬到另一个链上数字世界，最终实现一个"万物互联＋万链互联"的世界。

1.6.2 企业上链

随着区块链技术的发展和影响不断深入，作为传统企业组织必然也面临着是否加入区块链技术的选择。要想获得区块链技术的红利，企业也需要迈出从 0 到 1 跨越性的一步，进入到新领域。所以，企业上链是企业进入新市场的工具，也是为全新的商业模式奠定基础。企业先上链可在竞争中取得领先地位，在发展中获得技术优势和原始积累，通过与不同企业、竞争对手、供应链上下游企业等进行链上互动，形成新的行业链接关系。企业上链一旦形成规模则等同于行业上链，而行业上链则需要以企业先上链为基础。

对于企业上链的策略与路径[①]，不同认知、不同规模和不同行业的企业在上链方式与进程的选择上会有明显不同。比如大中型企业一般处于行业领导地位，不会主动地去中心化，降低自己对行业的影响力和控制力，所以面对区块链的变革更多采取防守策略。积极一些的企业可能会在企业内部或关联企业之间试验性地运用区块链技术，以提高数据一致性或提升部门间的资源结算效率。生产型企业一般会以供应链为导向进行上链，以提升对供应链的掌控力。而商贸流通领域的企业会以用户群和客户群上链为主进行营销变革，甚至全流程全资产上链，彻底变革以博取行业领导地位。企业上链策略与途径如图 1-10 所示。

1) 关键数据上链获取品牌增信

企业将自己的身份信息和关键信息上链存证，比如：专利、著作权、牌照、战略投资者、核心供应商及重点客户以及产品和服务的关键性承诺等。把这些关键性信息公布在不可篡改永久留存的区块链上，让公众与企业的合作伙伴及客户一起来见证和互证，增强了企业品牌的公信力。这种企业上链方式执行起来简

---

① 《开启数字经济新大门——企业上链》白皮书由投肯科技联合清华大学互联网产业研究院于 2018 年 11 月 24 日在北京共同发布。HTTP：// WWW. CE. CN/XWZX/GNSZ/GDXW/201812/20/ T20181220_31078189. SHTML（使用时略作修改）。

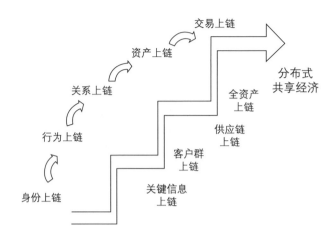

图 1-10 企业上链策略与途径①

单，成本低，风险也小，适合绝大部分企业。而且企业关键数据上链后，具有了在区块链上的唯一身份，可以积累链上信用，有机会在区块链可信商业环境中获得更多商业机会与融资机会，获得更多创新发展的可能。

2）用户群上链变革营销渠道

企业在身份上链、信息上链的基础上进一步将用户群及客户群上链。这将会给企业的营销渠道带来持续性变革。在互联网思维引导下的经济，搭载了移动互联网的顺风车，企业将用户及潜在用户聚合在各种"粉丝"平台、社区或会员俱乐部的网络产品之上，对企业的品牌传播和电商销售都起到了非常好的效果。在用户群"粉丝化"上网的基础上，进一步上链，将用户的身份及关键行为用区块链进行记录，与企业上链的行为进行对接，形成更加开放、透明的可信产品用户生态，企业会获得更好的口碑以及品牌公信力的提升。同时在区块链的信用穿透能力支撑下，企业可以设计适配的激励模型来刺激老用户拉新用户，促进老用户的持续留存，提升回头率。

企业从自身上链到企业用户群上链，将迈出坚实的上链步伐，创造全新的产品与用户之间的服务模式，获得更加广泛和持久的收益。这种策略和路径适合于

① 《开启数字经济新大门——企业上链白皮书》由投肯科技联合清华大学互联网产业研究院等机构于 2018 年 11 月 24 日在北京共同发布。HTTP：// WWW. CE. CN/XWZX/GNSZ/GDXW/201812/20/T20181220_31078189. SHTML

面向 C 端消费品的企业，以及面向中小企业消费的 B 端服务型企业，具有低风险高收益特点。

3）供应链上链提升资金周转率

企业上链的另一条路径是围绕终端消费品的供应链，将企业的上下游供应商及合作伙伴关系上链、合同上链、应收应付的票据上链，等等。企业的供应链上链之后，会建立起链上的商业合作关系与流程，会获得链上商业信用的赋能，支持信用兑付获得生产资料，降低资金使用成本，提升资金周转率。

从消费者角度看，生产企业的供应链上链，可以真实客观反映商品的生产及流通过程，对产品服务增加了信赖感。特别是对于一些高频消费品来说，在打通生产与流通供应链的区块链上，基于区块链信用进行产品预售，可以做到从消费者到厂家（C2F）的全新生产模式。

做到供应链上链的企业最好在该行业的供应链中具备一定话语权，这样才能触动上下游企业同步上链，并在上链之后享有更大资金效率的收益，同时进一步提升对供应链的掌控能力。

4）全资产上链自我变革

区块链打开了数字经济的一扇新大门，带来全新的商业理念和产品生态。去中心化组织（DAO）和去中心化公司（DAC）之类的新型商业组织会越来越多。分布式共享经济的终极要求是全资产上链，享受高可信、低摩擦的商业交易环境，获得资产无限切分后的高流动性溢价。全资产上链的模式需要充分调研公司的经营模式和实际资产，提前做好未来新经济形态的顶层设计，并获得原董事会及股东大会的确认。新经济形态的流通模型、激励模型和治理模型是上链成功的关键要素，一定要找专业团队反复建模论证。在上链过程中，与企业关联的每个人都将成为区块链生态体系的参与者、贡献者和获利者。

全资产上链的模式适合于全球化既有成熟产业基础，又不满足现状寻求突破，且欲挑战行业领导者地位的企业。这个模式属于高风险高收益。一旦成功落地，既可以扩大经济体的经济规模，又可以使资产具有高流动性，获得资产高溢价率，还能提升新型组织的社会影响力。

企业上链的不同策略与路径的选择，意味着不同的执行条件与资源，要承担不同的风险，获得不同的收益。对于广大中小企业来说，既没有大企业的资源优势，也没有去中心化的包袱，因此更需要上链抱团取暖，提升在行业中的竞争力。

企业上链并非一步到位，也并非由大企业带头。企业自身的身份信息和关键信息可以首先上链存证，在自身的生态体系内提高消费者或相关者的体验，即所谓小通证或者准通证，待相关方熟悉流程之后，数据积累可以沉淀成为链上信用，通过扩大上链的范围和生态圈的范围，发展大通证，获得更多创新发展的可能。

企业上链也必然伴随着企业的身份上链、行为上链、关系上链、资产上链和交易上链，当然这些不是简单的先后顺序关系。企业作为市场经济的基本细胞要首先完成上链，这是融入区块链商业生态的必然路径。

总之，区块链以一种开放互通的技术方式，以极低的整合资源的成本推动整体行业变革。企业从链下到链上的映射过程是非常关键的一环。如果不能确保上链过程映射的真实，不能在链下与链上形成有效闭环，那么即使有再好的公链技术确保链上的可信环境也是枉然。所以，企业上链是一个系统化的工程，需要在不断地实验和实战中进步与完善。

1.7　本章小结

本章作为开篇，首先介绍了区块链技术诞生的由来和发展历程，在业界提出区块链 1.0、2.0 和 3.0 的基础上，我们首次提出未来的区块链 4.0 概念；其次，解释了"区块链"技术为什么重要；最后，对中外国家的区块链技术监管政策、区块链产业和区块链＋以及企业上链都做了必要介绍，也方便大家"顺藤摸瓜"式学习。

习　题

1. 请查询和解释 ICO、IEO、STO 等概念。

2. 区块链存在一个三元悖论——"不可能三角"，指的是安全、效率和去中心化程度三者不可共存，最多只能得其二，如图 1-11 所示。

有些项目选用了去中心化程度较低的共识算法。比如 EOS 选择使用了 DPOS，用少数几个超级节点作为共识的网络验证节点，通过由普通节点进行选举和监督机制来保障相对中心化的超级节点不能作恶。而选择使用去中心化和相对的安全性作出妥协的有 PBFT、DBFT 等容错算法，这两种算法的容错量是 $(n-1)/3$，这些算法需要冒作恶或失效的节点超过总节点数的 $(n-1)/3$ 而导致网络失效的风险。这三种选择各有优缺点，区块链项目应根据自身所针对的领

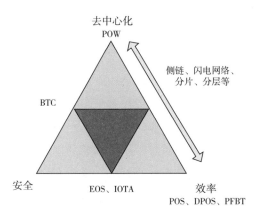

图1-11　区块链"不可能三角"

域需要，在共识算法和激励机制上选择一个合适的去中心化策略。

请通过查询网络资料，了解和学习国内外学者或组织对区块链"不可能三角"悖论是如何解释的，有没有方法去解决或者避免？

海尔集团董事长张瑞敏谈"如何利用'区块链'改变企业未来"[1]

张瑞敏认为：区块链自2008年诞生至今，其迭代发展可分为以下3个阶段。1.0阶段即中本聪借用比特币，正式提出区块链相关概念，分布式数据存储、点对点传输、共识机制、加密算法等颠覆性技术雏形显现；2.0阶段以2015年以太坊的推出为节点，区块链开始具备智能合约技术，并实现平台化，不过"币圈"的疯狂也肇始于此；2018年6月，EOS主网正式启用标志着区块链3.0阶段的到来，区块链应用性、安全性、可开发性得到全面优化，"价值互联网"加速向我们走来。

他认为：区块链是有价值的，它的去中心化、不可篡改、可追溯优势，足以用来打造下一代价值互联网。

---

① 资料来源：微信公众号：碳链一线·2019-11-19

区块链在 2019 年给人的感觉总与 5G 相似，大家均认为它们代表着未来，却迟迟不见革命性产品诞生。其中原因，一是从科技产业发展规律来看，区块链离全面爆发尚需时日；二是区块链在企业应用落地尚缺少可进行数据融合的场景生态。

他介绍到：通过全球知名信息技术研究和顾问公司 Gartner 发布的 2019 年区块链科技技术成熟度曲线可以发现：第一，加密货币挖矿领域正处泡沫破裂低谷期，再次验证各类 ICO 没有价值；第二，大量区块链技术到达成熟期尚需 5～10 年时间，其中仅有少数几项技术表现抢眼，按照 Gartner 的预估，分布式账本将在 2 年内成熟，智能合约与共识机制不仅期望值很高且将在 2～5 年成熟，这是非常喜人的趋势。

可为何处在成熟期前夜，我们仍迟迟不能看到市场上成熟的区块链应用？答案是缺少可进行数据融合的场景生态。以商业眼光审视我们便可发现，尽管区块链的革命性很强，但并非每一家企业均愿意革自己的命。路径依赖是一件普遍存在的事情，如果没有大的危机感与很强的前瞻性，并不会有很多人喜欢及时利用前沿技术。

他还介绍到：以农产品溯源场景为例，区块链溯源平台与数据上链技术已基本完善，但并未大规模投入商用，主要囿于农产品溯源场景过于局限、不能与其他行业相融合、无法发挥区块链技术在数据存储时的最大优势，进而难以实现产业整体增值，沦为"鸡肋"。因此，增强各行业间场景融合、解决企业内部与企业间关系管理问题，成为全面发挥区块链价值的必经之路。

目前，国内知名企业中敢于在大量业务场景、用户场景、管理场景普遍应用区块链并实现生态增值的尚只有海尔一家。

当下，很多企业利用区块链进行革新的现状是，虽然知悉其不可篡改与加密特性能很好地解决数据溯源及确权问题、智能合约能很好实现点对点间的信任，可理论与现实永远隔着一条实践的鸿沟，大量企业碍于经营领域边界过窄等问题，仅能将区块链局限在一种产品上使用，无法将其数据存储架构的优势发挥至最大。

他认为，海尔依据自身优势在区块链领域展开了 3 个方向的探索：

第一，以先发优势，参与制定区块链标准。海尔在 2019 年 3 月成为 IEEE 食联网国际标准启动会议的工作组主席，牵头制定食联网国际标准。食联网国际标准涵盖食联网体系架构、数据规范及系统接口要求等方面，将对规范食联产业发展与加速推进全球生态落地起到关键性作用。

第二，以延伸效应，赋能产业生态。海尔以区块链数据框架为地基，为产业生态各领域搭建了不同场景化上层应用。如海链平台赋能衣联网，海尔通过联合服装企业为商品建立 RFID 标签档案并应用区块链的方式，让每件服装均拥有不可篡改的专属"身份证"，做到全程可追溯。

第三，以区块链思维，变革组织结构。海尔认为物联网不仅将改变企业的产品模式，还将带来企业底层思维的转变，并据此对自身组织结构及管理模式进行了大刀阔斧的改革，并在 2005 年首次提出"人单合一"模式，在这 14 年的模式探索中发现这一模式与区块链的思维本质不谋而合。

（摘自张瑞敏《如何利用'区块链'改变企业未来》一文）

思考题：请结合海尔集团的发展史、现状和挑战，分析一下张瑞敏提出的区块链＋战略的可行性和困难。

2 区块链的基本原理

本章将介绍区块链技术中涉及的一些基础知识、概念和原理，可能比较具体、微观，同时，还涉及一些基础密码学、数据库技术等相关背景知识。

2.1 概述

区块链技术是一种不依赖第三方，通过自身分布式节点进行网络数据的存储、验证、传递和交流的一种方案[①]。区块链可以看作是一种去中心化的数据库。它可以在没有控制方的情况下，根据一项商定的协议在多台计算机上存储记录和交易。存储的数据是一个块，这些块通过哈希值链接在一起形成一个区块链[②]。

在现有的区块链系统中，每个人都可以进行记账。系统通过一定的策略选择记账最快且最好的人，将他的内容记录到账本中，并将账本内容发送给网络中的所有人进行备份。因为没有中心机构，人人都拥有区块链网络的全部数据，这就使得区块链安全且高效。并且随着区块链网络的增大，攻击区块链网络的难度也在增大。

区块链具有以下特点：

---

① TLZS. 公有链、私有链、联盟链的区别 [Z/OL]．https：// www. jianshu. com/p/5a0ec4824cfd.
② Elad Elrom. The Blockchain Developer [M]．Berkeley. California. USA. Apress，2019.

（1）去中心化。区块链中的每个参与方都必须遵循相同的基于密码学算法的记账交易规则。同时每笔交易需要广播给网络内的其他用户，所以不需要第三方中介机构或信任机构。

（2）分布式。在传统的中心化网络中，攻破一个中心节点即可破坏整个系统，而在一个去中心化的区块链网络中，攻击单独一个节点是无法控制或破坏整个网络的，必须控制网内超过50％的节点才可能获得区块链网络的控制权。

（3）无须信任系统。区块链网络中，通过完备的密码学算法，任何恶意欺骗系统的行为都会受到其他节点的抑制，因此，区块链系统不依赖中心机构和信用背书。在传统的信用背书网络系统中，参与人需要对中心机构足够信任，随着参与网络人数增加，系统的安全性下降。而在区块链网络中，参与人不需要对任何人信任，且随着参与节点增加，由密码学算法保护的区块链系统的安全性反而增加，同时数据内容可以做到完全公开。

（4）不可篡改和加密安全性。区块链采取具有单向不可逆特性的哈希算法，同时每个新产生的区块严格按照时间线性顺序推进。时间的不可逆性导致任何试图入侵篡改区块链内数据信息的行为都很容易被追溯，从而被其他节点的排斥，从而可以限制相关不法行为。

区块链大致可分为三类：公有链、私有链、联盟链。

1. 公有链（Public Blockchains）

公有区块链是一个开放的区块链，它不受第三方机构控制，世界上所有的人都可读取链上的数据记录、参与交易以及竞争新区块的记账权等。程序开发者无权干涉用户，各参与者可自由加入以及退出网络，并按照自己的意愿进行相关操作。当前，在公有区块链架构上进行交易，通过消除中心机构并降低交易成本，大多数参与方都能够从中受益。公有链也被称为"不需要许可"的区块链。在这样的方案中，每个人都可以自由下载作为匿名验证者的区块链账本，并且可以参与交易过程以进行身份验证、创建区块、验证区块以及更新区块链。

2. 私有链（Private Blockchains）

私有链节点在验证过程中具有一定级别的控制。私有区块链网络的写入权限由某个组织或者机构全权控制，数据读取权限受组织规定，有选择地对外开放，并具有一定程度的访问限制。简单来说，可以将其理解为一个弱中心化或者多中心化的系统。由于参与节点具有严格限制且少，与公有链相比，私有链达成共识的时间相对较短、交易速度更快、效率更高、成本更低。私有链组织方的职责是设计区块链网络中参与、共识和限制的规则。

3. **联盟链**（Consortium Blockchains）

联盟链是介于公有链以及私有链之间的区块链，可实现"部分去中心化"。链上各个节点通常有与之相对应的实体机构或者组织；参与者通过授权加入网络并组成利益相关联盟，共同维护区块链运行。从某种程度上说，联盟链也属于私有链的范畴，只是私有化程度有所不同。因此，联盟链同样具有成本较低、效率较高的特点，适用于不同实体间的交易、结算等行为。

联盟链可以根据应用场景来决定对公众的开放程度。由于参与共识的节点比较少，联盟链一般不采用工作量证明（Proof of Work，简称 POW）的挖矿机制，而是多采用股权证明机制（Proof of Stake，简称 POS）或拜占庭容错机制（Practical Byzantine Fault Tolerance，简称 PBFT）等共识算法。联盟链对交易的确认时间、每秒交易数都与公有链有较大的区别，对安全和性能的要求也比公有链高。

2.2　区块链中的基本技术概念[①]

下面以某种数字货币为例，介绍区块链中的一些基本术语、原理和概念。

我们先从简单的假设场景入手。在传统的互联网环境下，我们设想一个场景：Alice 打算把一枚一元钱的硬币转给 Bob。为了做到这一点，她采用了下面简单的方法。她可以生成一份数字签名的合约，上面写着"我把一枚硬币转给 Bob"，然后向所有人公开宣布转让硬币这一行为。这样的合约可以称为交易（Transaction，简称 TX）。这笔交易的内容就是"我（Alice）把一枚硬币转给 Bob"。在每个用户进入到这个网络时，系统会为其分配一个公私钥对。Alice 先将这笔交易进行哈希（Hash）计算，再通过其私钥进行签名。在这个过程中，哈希的主要作用是保证消息的完整性，防止消息在通信过程中被破坏；签名通过其不可否认性，保证发送消息的主体是私钥持有者。我们可以将这个交易视为一个已签署的合约，Bob 接收到这笔交易的信息后，可以使用 Alice 的公钥进行验证，如图 2-1 所示。

---

① 本章对所涉及的相关密码学概念只做简要介绍。第三章会对区块链中的关键技术进行更加深入的介绍。读者如果需要了解更多，可以查阅第三章相关知识点介绍。

但使用这个交易凭证本身是不够的，因为它可以被重放攻击（Replay attacks）：如果出现合约的副本，它不能确定是否 Alice 试图欺骗 Bob，她是否还打算将第二枚硬币转移给 Bob，或者 Bob 是否执行重放攻击以便从 Alice 的钱包中索取多个硬币。

其中，重放攻击是指攻击者重放一个在网络上窃听到的或在区块链中看到的消息。重放攻击的基本原理就是把以前窃听到的数据原封不动地重新发送给接收方，在这里，Bob 可以仿照 Alice 的真实信息，伪造一条一模一样的消息，如图 2-2 所示。

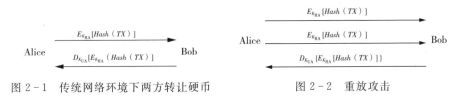

图 2-1　传统网络环境下两方转让硬币　　　　图 2-2　重放攻击

如果重放攻击成立，那么本将转给 Bob 一枚硬币的 Alice 就需要转两枚硬币。这种合约形式显然是有漏洞的。

要解决这种含糊不清且致命的问题，就必须使用唯一可识别的硬币。这可以通过引入序列号来实现。这种带有唯一序列号的硬币就需要通常所说的银行。在一个集中式的方案中，集中式银行发行具有唯一序列号的硬币，并维护包括全部所有权（即用户账户和序列号之间的映射）的集中式账本。在这种情况下，Alice 转让硬币给 Bob 的合约将会是如下形式："我（Alice）将编号为 2020 的硬币转让给 Bob"之后，Bob 可以通过银行验证编号为 2020 的硬币的所有权是否归属于 Alice。如果交易有效且 Bob 接受交易，则银行将更新其账本。此时，编号为 2020 的硬币所有者从 Alice 变为 Bob。

如何建立一套摆脱集中式银行的解决方案。为此，需要一种机制在分布式结构中创建硬币，并以分布式方式存储和管理账本。这其中关键的挑战是要在没有中心机构且参与者之间没有相互信任关系的情况下就现有硬币及其所有权达成共识。

为了取代这一模式下的集中式银行，可通过分布式的方式，使每个人都成为银行，即每个参与者都保留记录的副本。而在传统的集中式银行模式下，该记录通常会存储在集中式银行中。我们可以认为这种方案是反映和记录所有交易和货币所有权的分布式账本。

但是，区块链多个副本的分布式存储为 Alice 作弊开辟了新的可能性。尤其是 Alice 可以向两个不同的接收者（例如 Bob 和 Charlie）发布两个单独的交易，转移同一枚硬币，这称为双重支付，也称作"双花（double spending）"。如果 Bob 和 Charlie 各自独立地（基于他们各自的区块链本地副本）验证并接受了交易，这将使区块链进入不一致状态，如图 2-3 所示。

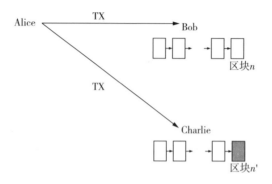

图 2-3　双重支付（双花）攻击示意图

但是，在区块链网络中，如果 Bob 接受交易并在 Charlie 接受交易之前将该交易广播给网络中其他所有人，Charlie 就能够将该交易识别为双重支出尝试（B—Money 提案）[①]。因此，在同步和不可干扰的广播信道的假设下，一个简单的、同步的分布式账本是可行的[②]。

但如果是广播信道有干扰或者区块链网络中有人作恶，那么就是另一种情况了。针对分布式系统的一致性有一个经典的拜占庭将军问题：拜占庭帝国想要进攻一个强大的敌人，为此派出了 10 支军队去包围这个敌人。这个敌人整体上虽不比拜占庭帝国强，但也足以抵御 5 支常规拜占庭军队的同时袭击。这 10 支拜占庭军队在分开的包围状态下同时攻击，他们任一支军队单独进攻都毫无胜算，除非有至少 6 支军队（一半以上）同时袭击才能攻下敌国。他们分散在敌国的四周，依靠通信兵骑马相互通信来协商进攻意向及进攻时间。困扰这些将军的问题是，他们不确定他们中是否有叛徒，叛徒可能擅自变更进攻意向或者进攻时间。在这种状态下，拜占庭将军们如何才能保证有多于 6 支军队在同一时间一起发起

---

①　维基百科．B—Money［Z/OL］．https：//en.bitcoin.it/wiki/B—money.

②　Florian Tschorsch．Björn Scheuermann．Bitcoin and Beyond：A Technical Survey on Decentralized Digital Currencies［C］．IEEE Communications Surveys & Tutorials，2016.

进攻，从而赢取战斗？

　　我们来简单分析一下：假设在没有叛徒的情况下，将军 A 提出一个进攻提议（如：明日下午 1 点进攻，你愿意加入吗）由通信兵分别告诉其他的将军。如果他收到了其他 6 位将军以上的同意，则发起进攻。但如果其他的将军也在此时发出不同的进攻提议（如：明日下午 2 点，你愿意加入吗），由于时间上的差异，不同的将军收到（并认可）的进攻提议可能是不一样的，这是可能出现 A 提议有 2 个支持者，B 提议有 3 个支持者，C 提议有 4 个支持者的情况。

　　在有叛徒情况下，一个叛徒会向不同的将军发出不同的进攻提议（如：通知 A 明日下午 1 点进攻，通知 B 明日下午 2 点进攻，等等），或者一个叛徒也可能会同意多个进攻提议（即同意下午 1 点进攻又同意下午 2 点进攻）。这样问题就更加复杂了。

　　中本聪在比特币中引入"工作量证明（PoW）"机制来解决这一问题。工作量证明增加了节点（将军）发送信息的成本，降低了发送信息的效率，这样就可以保证在某个时间只能有一个或少量的节点在网络信道中传递信息。而且，当诚实的节点（将军 B）收到了有着将军 A 签名的进攻提议信时，B 会立刻同意这项提议而不会发起新的提议。工作量证明相当于提高了做叛徒（发布虚假区块）的成本。在工作量证明机制下，只有第一个完成证明的节点才能广播区块。这使得竞争难度非常大，需要很高的算力。如果虚假区块发布失败，那么这些耗费大量成本的算力就白白浪费了。如果有这样的算力作为诚实的节点，同样也可以获得很大的收益（这就是矿工所作的工作），这实际也就不会有做叛徒的动机了，整个系统也因此而更稳定[1]。

　　针对对等网络节点身份也有一种经典的女巫攻击（Sybil Attack）。女巫（Sybil）这一名字来源于 Flora Rhea Schreiberie 在 1973 年的小说《女巫》及其被改编的同名电影。化名为 Sybil Dorsett 的女人被诊断为分离性身份认同障碍，兼具 16 种人格。在公有链网络中，所有节点的地位与权限都是相同的。在 P2P 网络中，因为节点可以随时加入和退出等原因，为了维持网络稳定，同一份数据通常需要备份到多个分布式节点上，这就是数据冗余机制。区块链网络天然地存在分布式存储的条件。假设网络中存在某个恶意节点（"女巫"），这个节点可能会声称具有多种身份，利用系统的数据冗余机制，本应备份到多个节点的数据就被

①　Tiny 熊．什么是拜占庭将军问题［Z/OL］．https：//learnblockchain.cn.

欺骗到这个节点上了。这样就破坏了系统的冗余策略。

在区块链网络中，解决"女巫"攻击的方法主要有两种。一种是利用工作量证明机制，节点声称的身份需要用算力来支撑。这样极大地增加了恶意节点的攻击成本；第二种是身份认证，对每一个新加入网络的节点都通过可靠第三方或网络中所有可靠节点的认证。

区块链本身其实是一串使用密码学算法所产生的数据块，每一个数据块中包含了区块链网络交易有效确认的信息。每当有加密交易产生时，就开始利用算法解密验证交易，创造出新的区块来记录最新的交易。新的区块按照时间顺序线性地被补充到原有的区块链末端，这个账本就会不停地增长和延长①。

区块链利用密码学来确保系统的安全性。每个交易都通过加密密钥进行身份验证，以确保只有特定价值实体的所有者才将其用于交易。此外，借助密码学、欺骗系统和更改分布式账本几乎是不可能的。要更改分布式账本中区块的内容，需要更改完整的区块链（至少占整个网络节点的51%），这对恶意方来说几乎是不可能达到的。

区块链使用非对称加密来认证、验证和确认交易，而不暴露用户的身份。非对称加密是通过使用两个不同的密钥实现的：公钥和私钥。每个用户都秘密地维护私钥，而公钥则是在区块链网络上可以轻松获取的。密钥用于处理支持加密和解密功能的消息。当发送方发起和广播交易消息时，公钥（或其哈希值）用作发送方的地址。

加密哈希函数。区块链技术的重要组成部分是对许多操作使用加密哈希函数。哈希是一种对数据应用密码散列函数的方法，该函数针对几乎任何大小的输入（例如文件、文本或图像）计算相对唯一的输出（称为消息摘要，或简称为摘要）。它使个人可以独立获取输入数据，对同一数据进行哈希操作并得出相同的结果——证明数据没有变化。即使对输入的最小更改（例如，更改单个位）也将导致完全不同的输出摘要。哈希函数的单向不可逆且抗碰撞的特性，在很大程度上保障了区块链网络的安全性。

通过复杂的公钥和私钥的设定，区块链网络将整个网络的所有交易的账本实时广播，实时将交易记录广播到每一个客户端中。当然，账本里也有别人的

① Vikram Dhillon，David Metcalf，Max Hooper. Blockchain Enabled Applications［M］. Apress，2017.

交易记录。虽然你可以看到数值和对应的交易地址（基本上这是由一段冗长的乱序字母和数字组成），但是如果不借用其他技术手段你也无法得知交易者的真实身份。

区块链用户在他们的计算机上运行相同的软件，形成分散的分布式网络，用户可以在其中进行交易，交易资产和其他价值实体。区块链消除了对中介的需要，建立了信任，并避免了交易和所有权中的欺诈。经过验证和批准的交易存储在块中（按时间顺序，形成一个块链）。由于区块链验证和确认了所有权信息，所以可以获得关于数据或交易的所有权和起源的信息。

2.2.1 用户与交易

到目前为止，我们还没有确切说明比特币合约中的"硬币"是什么。实际上，在区块链系统中，这样的硬币并不会被实际转移，交易只会对硬币的所有权进行分配。因此，通过查看比特币的历史交易，可以清楚地了解到每一枚"硬币"从产出到查询的这一时刻的全部流通过程。

在接收硬币之前，Bob 需要一个虚拟钱包，该钱包至少包含一个公钥/私钥对。Bob 的比特币地址是从他的公钥中获得的，方法是先用 SHA - 256（一种哈希算法）对其进行哈希处理，然后用 RIPEMD - 160[①]（另一种哈希算法）对其进行哈希处理，然后加上版本号，并附加一个校验和（Checksum）进行错误检测。地址采用 Base58 编码[②]，以消除歧义字符。比特币的地址是通过缩短和混淆公钥得到的。为了接收付款，这些密码学技术并不是绝对必要的，但是它们提供了一种安全且便捷的方式。为了防止损害安全性和隐私性，应避免密钥的重用，所以应为每个交易使用新的密钥和地址。

每个块包含记录和交易。这些区块是在多台计算机上共享的，在没有协议的情况下不会被修改。网络是根据特定的策略来管理的。这些计算机连接在一个网络上，称为对等点或节点。区块链由链接到前一个区块的集合组成。它们是哈希指针[③]相互关联。一个块包含数据，每个块引用它前面的块，所以它们被链接起来，就像一个链环被连接到它前面的链环上一样，每个块都引用前面

---

① 维基百科 . RIPEMD［Z/OL］. https：// zh. wikipedia. org/wiki/RIPEMD.
② 维基百科 . Base58Check encoding［Z/OL］. https：// en. bitcoin. it/wiki/Base58Check _ encoding.
③ 简书 . 区块链·哈希指针［Z/OL］. https：// www. jianshu. com/p/6aad5a8fe986.

的块①。

不同种类的区块链有着不同的用户。公有链的用户可以是注册了公有链账户的任何人，而私有链和联盟链的用户都是被赋予区块链网络访问权限的。

区块链交易有以下五个步骤②，如图 2 - 4 所示。

步骤 1：发起交易

"发送者"（Alice）希望将有价值的商品转移到"接收者"（Bob）并发起交易。Alice 将关于交易的信息发送到网络。交易信息包括 Bob 公共地址，交易价格和数字签名。数字签名有助于确保交易的真实性。

步骤 2：验证交易

参与计算的计算机在区块链网络中被称为节点，它接收交易信息并验证其有效性。验证交易后，会将其放置在交易池中。

图 2-4　区块链交易流程图

步骤 3：建立区块

然后，交易池由网络的参与节点之一放置在分布式账本的更新版本中。节点在特定的时间间隔内打包所有的交易区块，并将该区块广播到区块链网络以进行验证。

步骤 4：验证区块

参与的节点在收到交易块后开始验证。验证过程是迭代执行的，这要求完成过程要征得大多数网络节点的同意。根据区块链的类型和性质，存在各种验证技术。例如，比特币使用"工作量证明（POW）"机制，而超级账本（HyperLedger Fabric，一个区块链平台）则使用"拜占庭容错（PBFT）"机制。每种验证技术的目的都是为了避免伪造、欺诈，以及确认每笔交易均有效。

步骤 5：区块上链

该区块被"链接"到现有的区块链中，并且更新的区块链分布式账本被广播

①　Nitin Upadhyay. UnBlock the Blockchain［M］. Berlin, Germany, Springer-Verlag. 2019.
②　Elad Elrom. The Blockchain Developer［M］. Berkeley, California, USA, Apress, 2019.

到网络。整个过程大约需要 3~10 秒。交易的内容如图 2-5 所示。

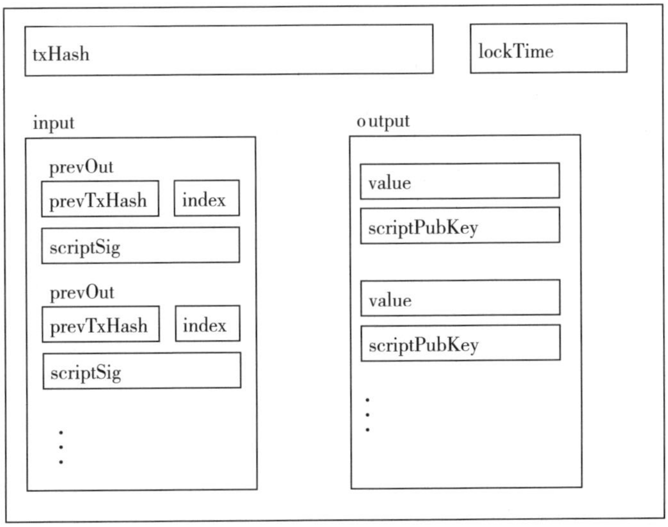

图 2-5　交易内容

交易的关键元素是作为交易标识符（Transaction ID，简称 TXID）的哈希值以及输入和输出列表。其中，prevTxHash 是标识先前交易的哈希，而 index 是该交易中各个输出的索引。交易的每个输出只能在整个区块链中用作输入。再次引用相同的输出是尝试将同一枚硬币花费两次（双花），因此被禁止。由于具有此属性，如果每个交易的输出到目前为止尚未被后续交易引用，则可以将其分类为未用交易输出（Unspent Transaction Outputs，简称 UTXO），也可以将其分类为已用交易输出（Spent Transaction Object，简称 STXO）。

在最基本的交易类型中，Alice 通过提供公钥和签名来证明自己有权委托输入端引用某个未用交易输出（UTXO）。对于每个输出，Alice 需要指定要通过此输出值转移多少硬币、在消费这些硬币时如何授权，以及授权脚本的地址（scriptPubKey）。这一地址也可能是 Bob 的账户地址。

需要指出的是，交易输入未指定要花费多少硬币。由于先前交易的每个输出只能使用一次，因此输入必须始终使用输出中的所有硬币。由于交易可以有多个输入和多个输出，Alice 需要将交易剩余的硬币分配到自己的账户地址，从而避免将所有硬币（输入）转移给其他人。标准交易中所有输入的总和必须不小于所有输出的总和。如果输入总和大于输出总和，则将差额作为交易费用隐式地分配给矿工，用于奖励其验证包含相应交易的区块。

区块链网络使用这些机制的一个主要原因就是解决在没有建立信任关系的网络中的双花的问题，当然这种机制还能够解决虚假交易、垃圾交易等问题①。为了安全起见，小额交易需等待 1 次确认，大额交易需等待 6 次以上的确认②。当一个块的父块尚未被节点处理时，这个块就会成为孤块，因此他们还不能被验证。

整个比特币系统中的每一个节点都可以查询每一笔交易的情况，且它们是有时间顺序的（时间戳机制），有一个公认的交易序列，只有当大部分节点都认同这笔交易时，这笔交易才是可信的。想破坏这种机制，需要拥有 51% 的算力。

2.2.2 激励机制

为更好地说明如何产生新的区块，分析其运行机制，以下对挖矿过程进行分析。

挖矿是向区块链中添加新区块的过程，因为除了保护分布式账本之外，它还导致生成新币。挖矿只是一种类比，与黄金的挖掘方式相似，比特币的挖取也是费时（需要大量的计算）、费电（专业矿机需要充足的电力），且总量有限的（总量 2100 万个，每四年新币数量减半）。

在比特币中，除创世区块奖励的 50 个比特币外，所有的币都是通过"挖矿"所得。挖矿任务的实施者叫"矿工（Miner）"。不像挖黄金里的矿工，比特币中的矿工是一台台配有专业的挖矿芯片和挖矿软件的计算机，它们靠电力支撑其复杂的计算。单个矿工的算力有限，大量矿工便组成"矿池（Pool）"，每个矿工按贡献率分成。

挖矿的结果是获得新区块的记账权并产生一个新区块，且新生成的区块需要通过共识机制被全网大部分节点所认可。想获得这种记账权并不容易，需要完成复杂的计算（工作量证明），第一个完成计算的节点才有资格在区块链上增加一个新块，同时会获得新区块上的新币作为奖励。比特币系统规定每大约十分钟生

---

① Daniel Drescher. Blockchain Basics [M]. Berkeley，California，USA. Apress，2017.
② 申龙斌．双重支付 Double－Spend［Z/OL］． https：// cloud. tencent. com/developer/article/1051839.

成一个区块，这种稀缺性为区块赋予了价值，即在这十分钟内所耗费的算力资源，这也就是比特币价值的一种体现。最初的区块奖励设置为 50 个 BTC。每210000 个区块一次，即大约每四年（210000×10min），奖励减半。新区块中还包含了网络上广播的各笔交易，这些交易中的手续费也归矿工。

如何才算挖出一个区块呢？比特币中规定，挖到区块的条件是该区块的哈希值中的前 k 个比特位全为 0。这个 k 是区块链网络的目标值，与定义的难度值有关，目的是使网络每大约十分钟能够生成一个新区块。也就是说，难度值会随着全网的算力变化而变化。目标值的大小与难度值成反比。当前区块链网络设置的难度值 n 越大，k 值越小，挖矿难度越小，如图 2-6 所示。

图 2-6　区块链挖矿难度

比特币的共识机制是工作量证明机制，工作量证明需要一个目标值。比特币工作量证明的目标值计算公式如下：

$$k（目标值）= \frac{最大目标值}{n（难度值）}$$

其中，最大目标值恒定为：

0x00000000FFFFFFFFFFFFFFFFFFFFFFFFFFFFFFFFFFFFFFFFFFFFFFFFFFFFFFFFFF

比特币的难度值每 2016 个区块（两周）进行一次调整[①]。难度值的计算公式如下：

$$新难度值=旧难度值×\frac{过去 2016 个区块所花费的时间}{20160 分钟}$$

在 2009 年比特币刚诞生的时候，用一台普通计算机就可以完成这些计算，而现在则需要大量的专业挖矿机器，才有可能获得记账权。

激励机制是公有链的一个核心。类似于工作量证明（POW）机制的区块链网络，挖矿的过程会消耗大量的资源，只有提供合适的激励机制，才能使矿工自

---

① 百度百科. 难度调整［Z/OL］. https：// baike. baidu. com/item/％E9％9A％BE％E5％BA％A6％E8％B0％83％E6％95％B4/22739234.

发地进行挖矿工作。

区块链的共识过程通过汇聚大规模共识节点的算力资源来实现共享区块链账本的数据验证和记账工作，因而其本质上是一种共识节点间的任务众包过程。去中心化系统中的共识节点本身是自利的，最大化自身收益是其参与数据验证和记账的根本目标。因此，必须设计与激励相容的众包机制，使得共识节点最大化自身收益的个体理性行为与保障去中心化区块链系统的安全和有效性的整体目标相吻合。

中本聪对比特币的激励机制有如下描述：“我们约定如此：每个区块的第一笔交易进行特殊化处理，该交易产生一枚由该区块创造者拥有的新的电子货币。”这样就增加了节点支持该网络的激励，并在没有中央集权机构发行货币的情况下，提供了一种将电子货币分配到流通领域的一种方法。这种将一定数量新货币持续增添到货币系统中的方法，非常类似于耗费资源去挖掘金矿并将黄金注入流通领域。此时，CPU 的时间和电力消耗就是消耗的资源。

比特币系统可以通过自身的算法来动态调整全网节点的挖矿难度，保证每过大约 10 分钟，在比特币网络中，就会有一个节点挖矿成功。一旦有矿工挖矿成功，比特币系统就会奖励该矿工一定数量的比特币。另外一个激励的来源则是交易费。如果某笔交易的输出值小于输入值，那么差额就是交易费，该交易费将被增加到该区块的激励中。

激励机制是维持比特币网络存在的关键因素之一。区块链是去中心化的，唯一吸引矿工们挖矿的便是激励机制下的利益。为了利益会有更多主体参与，从而保证了去中心化的实现，也有助于鼓励节点保持诚实。当比特币矿池中的 2100 万个比特币都被开采了之后，比特币网络也会因为激励机制而产生的手续费继续存活。

2.2.3 区块

区块链是由一个个区块形成链式结构所构成的。它其实是一个分布式数据库，可以在没有一个控制方的情况下根据一项商定的策略在多台计算机上存储记录和交易。区块内部的交易之间通过 Merkle 树组织，如图 2-7 所示。

Merkle 树是一种哈希二叉树，它是一种用作快速归纳和校验大规模数据完整性的数据结构，生成整个交易集合的数字指纹，且提供了一种校验区块是否存在某种交易的高效途径。为解决多重签名中的认证问题，其叶子节点上的值通常为交易的哈希值。

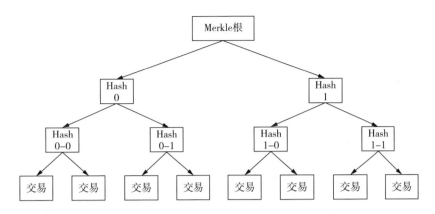

图 2 - 7　Merkle 树结构示意图

在构造 Merkle 树时，首先要对交易计算哈希值。通常，选用 SHA－256 等哈希算法。但如果仅仅防止数据不是被蓄意地损坏或篡改，可以改用一些安全性低但效率高的校验和算法，如循环冗余校验（Cyclic Redundancy Check，简称 CRC）。然后将交易的哈希值两两配对（如果是奇数个数，最后一个自己与自己配对），计算上一层哈希，再重复这个步骤，直到计算出 Merkle 根的哈希值。Merkle 树大多用来进行完整性验证。比如在分布式环境下，只要验证从多台主机获取数据的 Merkle 树根哈希值一致，即可验证获取的数据是否正确。如果 Merkle 树根哈希值不一致，只需要对比节点的哈希值就可以快速定位到有问题的节点。

不同的区块链网络可以定义不同的区块结构。这里以比特币为例，介绍它的区块结构。比特币中，每个区块由四个部分组成：区块大小、区块头、交易计数器、交易，如表 2 - 1 所示。区块大小用来表示此部分之外，该区块的大小；区块头用来描述此区块的版本号、哈希值等信息；交易计数器用来表示此区块中所包含交易的数量；交易字段用来详细说明交易的内容。

表 2 - 1　区块整体结构表

大　　小	字　　段	说　　明
4 字节	区块大小	表示之后的区块大小
80 字节	区块头	组成区块头的字段
1－9 字节	交易计数器	交易的数量
可变	交易	交易详情

这里用从 https：//blockchain.info 获取的比特币网络中高度为 2020 的区块数据来介绍单个区块所包含的内容。区块的内容如图 2-8 所示。

Hash	00000000a2090ecd638c98afa5785d69eb9c84fbc1201f259f729a28190791d3 🗑
Confirmations	674,608
Timestamp	2009-01-27 22:51
Height	2020
Miner	Unknown
Number of Transactions	1
Difficulty	1.00
Merkle root	3c369dc993827cce3896b635b1f31273ff3bfa2bd28c16df6b04752b1a815642
Version	0x1
Bits	486,604,799
Weight	864 WU
Size	216 bytes
Nonce	1,445,826,362
Transaction Volume	0.00000000 BTC
Block Reward	50.00000000 BTC
Fee Reward	0.00000000 BTC

图 2-8　区块内容

其中：

·Hash 是这个区块的哈希值，是这个区块的唯一编号，同时也是将区块形成链的基础。

·Confirmations 是区块确认数。区块确认数＝当前链上区块高度－本区块高度＋1。这里的 615690＝617709－2020＋1。617709 为本书编写时比特币的区块高度。[①]

·Timestamp 是区块创立的时间。

·Height 是区块的高度。

————————————

① 本书编写时间始于 2020 年 2 月。

- Miner 表示挖出该区块的矿工。
- Number of Transactions 是当前区块所包含的交易数。
- Difficulty 表示当前区块链网络的挖矿难度。
- Merkle root 是当前区块中所有交易形成的 Merkle Tree 的根节点哈希值。
- Version 表示该区块的版本号。
- Bits 是比特币（Bitcoin，简称 BTC）的子单位，等于 0.000001 BTC。
- Weight 是一种与区块大小限制成比例地比较不同交易大小的度量，主要是矿工使用的。
- Size 是区块的大小，单位为 byte。
- Nonce 是矿工挖出该区块所使用的随机数。
- Transaction Volume 是此区块中的估计总交易量。
- Block Reward 是对挖出此区块的矿工的新币奖励。
- Fee Reward 是对挖出此区块的矿工的额外奖励。

区块内容大多是用 json① 或十六进制（hex）格式表示的。该区块 json 格式的数据如下：

```
{
    "ver": 1,
    "next_block": [],
    "prev_block":"3c369dc993827cce3896b635b1f31273ff3bfa2bd28c16df6b04752b1a815642",
    "mrkl_root":"3c369dc993827cce3896b635b1f31273ff3bfa2bd28c16df6b04752b1a815642",
    "time": 1233067896,
    "bits": 486604799,
    "fee": 0,
    "nonce": 1445826362,
    "n_tx": 1,
    "size": 216,
    "block_index": 0,
    "main_chain": true,
    "height": 2020,
```

---

① JSON（JavaScript Notation，JS 对象简谱）是一种轻量级的数据交换格式。

```
"weight": 864,
"tx": [
{
"hash":"3c369dc993827cce3896b635b1f31273ff3bfa2bd28c16df6b04752b1a815642",
        "ver": 1,
        "vin_sz": 1,
        "vout_sz": 1,
        "size": 135,
        "weight": 540,
        "fee": 0,
        "relayed_by":"127.0.0.1",
        "lock_time": 0,
        "tx_index": 0,
        "double_spend": false,
        "result": 0,
        "balance": 0,
        "time": 1233067896,
        "block_index": 0,
        "block_height": 2020,
        "inputs": [
          {
            "sequence": 4294967295,
            "witness":"",
            "script":"04ffff001d020c02",
            "index": 0
          }],
        "out": [
          {
            "type": 0,
            "spent": false,
            "value": 5000000000,
            "spending_outpoints": [],
            "tx_index": 0,
```

```
            "script"："41046042ca44fd34bd4f35b7bd72f2dd6095d84ece4c0f7ff29f
27ca506bda84c2581a50cf7757a00841bb786f3bc9e17d2a5c1b094b18ea612c9592d97889bee229ac",
                    "n"：0,
                    "addr"："1JRonCoPhXxWaxCWYDM42QjxJw9si4AtRb"
            }]
    }],
    "hash"："00000000a2090ecd638c98afa5785d69eb9c84fbc1201f259f729a28190791d3",
    "prev_block"："00000000fa26cfce2cdce6a5df7491f71cdfc8e75c61b6e26ecdd361ff052763",
    "mrkl_root"："3c369dc993827cce3896b635b1f31273ff3bfa2bd28c16df6b04752b1a815642"
}
```

该区块十六进制格式的数据如下：

```
01000000632705ff61d3cd6ee2b6615ce7c8df1cf79174dfa5e6dc2ccecf26fa0000000042568
11a2b75046bdf168cd22bfa3bff7312f3b135b69638ce7c8293c99d363c781f7f49ffff001d3a
8f2d56010100000001000000000000000000000000000000000000000000000000000000000000
000000ffffffff0804ffff001d020c02ffffffff0100f2052a010000004341046042ca44fd34b
d4f35b7bd72f2dd6095d84ece4c0f7ff29f27ca506bda84c2581a50cf7757a00841bb786f3bc9
e17d2a5c1b094b18ea612c9592d97889bee229ac00000000
```

由于区块链的数据存储方式是小端编码，阅读时需要将其转化为大端编码。

小端编码和大端编码指的是数据在内存中的储存方式[①]。大端编码将数据的高字节保存在内存的低地址中，而数据的低字节保存在内存的高地址中；小端编码则是将数据的高字节保存在内存的高地址中，而数据的低字节保存在内存的低地址中。以十六进制数 0x12345678 为例，大端编码为 0x12345678，小端编码为 0x78563412。

2.2.3.1　区块头

比特币的区块头是一串 80 个字节的十六进制字符串，它的结构如表 2－2 所列。

---

① 百度百科 . 大小端模式［Z/OL］. https：// baike. baidu. com/item/％E5％A4％A7％E5％B0％8F％E7％AB％AF％E6％A8％A1％E5％BC％8F/6750542.

表 2-2 区块头结构表

字节长度	字 段	说 明
4	区块版本号	区块版本号
32	父区块哈希值	前一个区块的哈希值
32	Merkle 根哈希值	交易生成的 Merkle Tree 的树根的哈希值
4	时间戳	该区块生成的近似时间
4	难度目标	挖矿难度
4	Nonce	挖矿成功的随机值

按照字段与字节长度，对区块头逐字段进行分析。

首先 4 个字节是区块版本号：

```
ver: 1
```

表示该区块的版本为 1。

其次 32 个字节的父区块哈希值：

```
"prev _ block":"3c369dc993827cce3896b635b1f31273ff3bfa2bd28c16df6b04752b1a815642
```

表示该区块的父区块（即高度为 2019 的区块）的哈希值。

其次 32 个字节是 Merkle Tree 根节点哈希值：

```
"mrkl _ root":"3c369dc993827cce3896b635b1f31273ff3bfa2bd28c16df6b04752b1a815642"
```

表示该区块内所有交易形成的 Merkle Tree 根节点的哈希值。

其次 4 个字节是时间戳：

```
"time": 1233067896
```

这里的时间戳是该区块生成时间的近似值，精确到秒的 UNIX 时间戳。

其次 4 个字节是挖矿难度：

```
"bits": 486604799
```

这里是区块链的挖矿难度，数字越大难度越低。对应十六进制为 0x1d00ffff，即小端格式的 0xffff001d。

最后是 4 个字节的 Nonce：

```
"nonce": 1445826362
```

表示为了达成挖矿目标所使用的随机数的值。对应十六进制为 0x562d8f3a，即小端格式的 0x3a8f2d56。

2.2.3.2 区块主体

区块主体即区块内的交易内容。比特币网络每十分钟产生一个区块，在这十分钟内，全世界产生的所有交易都以 Merkle Tree 的形式存储在该区块中。

每个区块的第一个交易叫做 coinbase 交易，它的摘要及内容分别如图 2-9 和图 2-10 所示。

Summary

Hash	3c369dc993827cce3896b635b1f31273ff3bfa2bd28c16df6b04... 🖸		2009-01-27 22:51
	COINBASE (Newly Generated Coins)	➡ 1JRonCoPhXxWaxCWYDM42QjxJw9si4AtRb	50.00000000 BTC ⊕
Fee	0.00000000 BTC (0.000 sat/B - 0.000 sat/WU - 135 bytes)		50.00000000 BTC

图 2-9 coinbase 交易摘要

Details

Hash	3c369dc993827cce3896b635b1f31273ff3bfa2bd28c16df6b04752b1a815642
Status	Confirmed
Received Time	2009-01-27 22:51
Size	135 bytes
Weight	540
Included in Block	2020
Confirmations	615,691
Total Input	0.00000000 BTC
Total Output	50.00000000 BTC
Fees	0.00000000 BTC
Fee per byte	0.000 sat/B
Fee per weight unit	0.000 sat/WU
Value when transacted	$0.00

图 2-10 Coinbase 交易内容

Coinbase 交易是区块将生成的"新币"支付给矿工所产生的交易。其中：

· Hash 是这一笔交易的哈希值，能唯一确定该交易。

· Status 是指当前交易的状态。

· Received Time 是此交易向网络广播的时间。

· Size 是此交易内容的大小。

· Weight 是一种与区块大小限制成比例地比较不同交易大小的度量，主要是隔离见证和矿工使用的。

· Include in Block 表示该交易包含在哪一个区块中。

· Confirmations 是区块确认数。区块确认数＝当前链上区块高度－本区块高度＋1。

· Total Input 是该交易总输入比特币数。

· Total Output 是该交易总输出比特币数。

· Fees 是处理此交易已支付的总费用。

· Fee per byte 是每字节收费。

· Fee per weight unit 是每单位重量收费。

· Value when transacted 是交易时比特币对美元的价值。

它的结构见表 2－3 所列。

表 2－3　coinbase 交易结构表

字节长度	字　　段	说　　明
4	交易版本号	交易版本号
1—9	输入计数器	交易输入的数量
可变	交易输入	所有交易的输入内容
1—9	输出计数器	交易输出的数量
可变	交易输出	所有交易的输出内容
4	锁定时间	一个区块号或时间戳

其中 coinbase 的交易输入包括交易哈希值、输出索引、coinbase 脚本长度、coinbase 脚本、序列号等内容；交易输出包括输出总量、锁定脚本大小、锁定脚本等。这其中所有关于比特币的描述单位都是聪（Satoshi）。聪是比特币中最小的一个单位，1 比特币＝100，000，000 聪。

该区块的 coinbase 交易数据如下：

```
{
    "block_hash":"00000000a2090ecd638c98afa5785d69eb9c84fbc1201f259f729
      a28190791d3",
    "block_height": 2020,
    "block_index": 0,
    "hash": "3c369dc993827cce3896b635b1f31273ff3bfa2bd28c16df6b04752b1a815642",
    "addresses": [
    "1JRonCoPhXxWaxCWYDM42QjxJw9si4AtRb"
    ],
    "total": 5000000000,
    "fees": 0,
    "size": 135,
    "preference": "low",
    "confirmed": "2014-11-16T18:54:12.073Z",
    "received": "2014-11-16T18:54:12.073Z",
    "ver": 1,
    "double_spend": false,
    "vin_sz": 1,
    "vout_sz": 1,
    "confirmations": 615333,
    "confidence": 1,
    "inputs": [
    {
            "output_index": -1,
            "script": "04ffff001d020c02",
            "sequence": 4294967295,
            "script_type": "empty",
            "age": 2020
    }
    ],
    "outputs": [
    {
            "value": 5000000000,
```

```
                    "script":
"41046042ca44fd34bd4f35b7bd72f2dd6095d84ece4c0f7ff29f27ca506bda84c2581a50cf7757a0
0841bb786f3bc9e17d2a5c1b094b18ea612c9592d97889bee229ac",
                    "addresses": [
                    "1JRonCoPhXxWaxCWYDM42QjxJw9si4AtRb"
                    ],
                    "script_type": "pay-to-pubkey"
        }
        ]
    }
```

十六进制格式数据如下：

```
010000000100000000000000000000000000000000000000000000000000000000000000000
   ffffffff0804ffff001d020c02ffffffff0100f2052a010000004341046042ca44fd34bd4f35
   b7bd72f2dd6095d84ece4c0f7ff29f27ca506bda84c2581a50cf7757a00841bb786f3bc9e17
   d2a5c1b094b18ea612c9592d97889bee229ac00000000
```

首先是 4 个字节的版本号：

```
ver: 1
```

表示该 coinbase 交易遵循的格式版本号是 1。

其次 1 个字节的输入计数器：

```
"vin_sz": 1,
```

表示 coinbase 交易输入数量为 1。

其次是全为 0 的交易哈希值，json 格式中无对应。

其次是 4 个字节的输出索引：

```
"output_index": -1
```

其次是 8 个字节的 coinbase 脚本长度：

```
"script": "04ffff001d020c02"
```

coinbase 脚本数据和普通交易的解锁脚本不同，因为 coinbase 是创币交易，所以 coinbase 的脚本不需要对其他 UTXO 进行解锁，因此可以填充任意数据。比特币中每一笔交易的每一条输入和输出都是 UTXO。输入 UTXO 就是以前交易的输出 UTXO。第一个比特币区块又被称为"创世区块"，该区块内的 UTXO 无法被消费。

其次是 4 个字节固定为 0xFFFFFFFF 的序列号：

```
"sequence": 4294967295
```

其次是 1 个字节的交易输出个数：

```
"vout_sz": 1,
```

表明该交易有 1 个输出。

其次是 8 个字节的新挖比特币数量（单位：聪）：

```
"value": 5000000000,
```

其次是 1 个字节的锁定脚本字节长度，json 格式中无对应字段。

其次是锁定脚本：

```
"script":"41046042ca44fd34bd4f35b7bd72f2dd6095d84ece4c0f7ff29f27ca506bda84c25
81a50cf7757a00841bb786f3bc9e17d2a5c1b094b18ea612c9592d97889bee229ac"
```

其次是 4 个字节的锁定时间，json 格式无对应，一般为 00000000，表示立即执行。

由于高度为 2020 的区块只有一个 coinbase 交易，这里我们以高度为 80000 的区块交易 5a4ebf66822b0b2d56bd9dc64ece0bc38ee7844a23ff1d7320a88c5fdb2ad 3e2 为例，该交易的摘要及内容信息分别如图 2-11 和图 2-12 所示。

Summary

Hash	5a4ebf66822b0b2d56bd9dc64ece0bc38ee7844a23ff1d7320a... 🗐				2010-09-16 13:03
	1JBSCVF6VM6QjFZyTnbpLjoCJTQEqVbepG	50.00000000 BTC ⊕	➡	16ro3Jptwo4asSevZnsRX6vfRS24TGE6uK	50.00000000 BTC ⊕
Fee	0.00000000 BTC				
	(0.000 sat/B - 0.000 sat/WU - 158 bytes)				50.00000000 BTC

图 2-11　普通交易摘要

Details

Hash	5a4ebf66822b0b2d56bd9dc64ece0bc38ee7844a23ff1d7320a88c5fdb2ad3e2
Status	Confirmed
Received Time	2010-09-16 13:03
Size	158 bytes
Weight	632
Included in Block	80000
Confirmations	537,715
Total Input	50.00000000 BTC
Total Output	50.00000000 BTC
Fees	0.00000000 BTC
Fee per byte	0.000 sat/B
Fee per weight unit	0.000 sat/WU
Value when transacted	$0.00

图 2 - 12　普通交易细节

可以看出，普通交易与 coinbase 交易的格式定义基本相同，这里就不再赘述。

2.2.3.3　区块链

区块链由链接到前一个区块的集合组成。每个区块中存有数据，区块之间通过哈希单向链接，后一区块中包含前一区块头的哈希值，如图 2 - 13 所示。哈希函数的单向性决定了区块信息是不可篡改的。

一个个区块按照这种链式结构依次排列下去就形成了区块链。

2.2.4　区块链高度与区块链分叉

在区块链网络的创世区块被建立后，区块链网络就开始运行了。区块链的高度定义为当前区块之前的块数。创世区块的高度定义为 0，因为其前面有 0 个区块。之后矿工每挖出一个区块，区块的高度就加一。

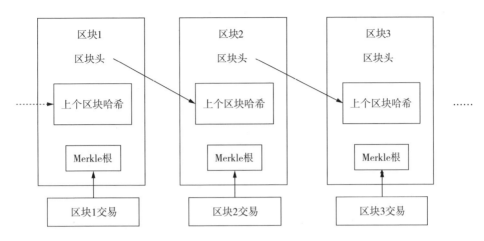

图 2-13　区块之间连接图

在区块链网络中，需要维持区块链的秩序。为此，比特币通过一个简单但有效的规则解决了这一问题：继续在"最长的"本地已知分支上进行挖掘。因为从本地看，到目前为止，这条链涉及的计算工作量最大。在某个时候，一个分支的矿工将在其他分支之前广播验证。因此，其中一个分支将"超越"另一个分支，并且一旦传播，将成为所有参与者最长的分支，即主链。从而，恢复了分布式共识。

当区块链网络内无法达成共识，区块链就会分叉。当两个或两个以上的块具有相同的块高度时，区块链会发生分叉。这通常发生在两个或多个矿工几乎同时找到一个块的时候，也可能是攻击的一部分。

分叉分为软分叉和硬分叉。软分叉和硬分叉的界定比较模糊。在 bitcoin. org 上对硬分叉的定义是：当未升级的节点无法验证由遵循新共识规则的升级节点创建的区块时，通常会发生区块链中的永久性分歧。硬分叉通常出现在版本更新后，已被确定的交易字段被重新定义导致交易数据格式发生变化。从而未升级的旧节点无法验证升级后新节点产生的区块，已升级的新节点可以验证未升级的老节点产生出的区块。当硬分叉出现时，区块链网络的挖矿难度也会被改变。矿工们会在自己认为正确的链上继续挖矿。

软分叉在 bitcoin. org 上的定义是：当新的共识机制发布后，没有升级的节点因为不知道新共识机制的存在而产生不合法的区块，此时进行的临时性分叉就是软分叉。由于旧节点将新块识别为有效，所以软分叉的升级空间有限。因为交易中的数据结构和区块结构都被详细定义了，保证旧节点能够识别新块就要求不能增加新字段。因此在定义交易字段时必须具备一定的前瞻性，而硬分叉则不用考虑这一点，所以软分叉在定义字段的技术要求方面比较高。软分叉可以保证不想升级的节点不进行升级，而硬分叉则要求所有旧节点都进行升级。硬分叉是对已被定义的交易字段重新作定义，而每次重新定义后必须有大于50%的算力认可才能被网络承认，在操作上没有软分叉方便。

其实一开始中本聪就把区块设计成最大可支持32M容量，为的就是防止以后单个区块容量不能满足使用，但是在早期，参与人数不多，全网算力不高的时候，为了使计算时间快，不影响网络正常运算，才暂时将区块大小定位1M，以此来提高整个网络的运行效率。到了2015年，比特币单个区块的大小距离1M的限制越来越近，一旦超过1M，就意味着本来交易速度很缓慢的比特币交易会变得更慢，由于需验证的交易量增加，还导致交易手续费的增长。结果，在2017年8月1日，比特币进行了硬分叉，支持扩容和反对扩容的两个阵营分别继续维护他们各自认为是正确的链，BCH也从此诞生。

2.2.5 如何达成共识

共识是人类社会的基本方面，它是不同群体在没有任何冲突的情况下达成一致意见的具体方式之一。根据爱德华·希尔斯（Edward Shils）的"共识概念"，要达成共识，必须具备以下三点：

- 参与网络应遵循商定的规范，包括任何特定规则和法律；
- 允许并商定规范准则、法律、规则和规范的机构和组织；
- 提供承认和尊重成员的自我认同，并就实现共识的平等达成协议[1]。

通过分布式共识，系统中的所有节点都可以使用相同且按时间顺序的交易来找到有关分布式账本的唯一真相。分布式性质的共识为单个事实提供了统一和集成的视图，从而为参与网络的成员提供了信息状态的唯一视图。在公有链中，由于没有任何特定限制或约束的执行，因此任何想要贡献的人都可以加入并参与网络。任何人都可以加入共识过程，而私有链和联盟链将约束选定参与者以参与该过程。共识框架包括一组商定的规则、策略、限制和过程，以向网络中的参与者表示统一和集成的信息，并通过设计增加容错行为。因此，少量节点的故障不会使节点更改区块数据，并且可以获取有关交易的原始数据。组织者可以考虑各种

---

① Elad Elrom. The Blockchain Developer [M]. Berkeley, California, USA. Apress, 2019.

要求，例如交易可伸缩性、有效性和网络性能，管理交易的规则和策略以及用于实现安全性和隐私性的协议，来使用或建立共识框架。

共识算法存在多种变体，但是特定共识机制的使用取决于底层的区块链结构，可以以三种不同形式（公有、私有或联盟）使用。所有区块链结构都导致一个共同的目标，即确保存储和维护区块链的唯一性。通过区块链的共识机制能够解决双花问题、拜占庭将军问题以及女巫攻击等问题。通过在整个交易过程中纳入激励措施以达成交易共识，可以有效解决双重支出问题。在区块链平台上运行着多种共识机制，但它们主要或多或少地共享着相同的问题。例如，某些共识机制需要大量的计算能力才能达成共识。其他一些共识机制基于基础区块链网络具有不同级别的安全性。

常见的共识机制包括：拜占庭容错机制（PBFT）、工作量证明机制（PoW）、股权证明机制（PoS）等，本教材第 3 章将对共识机制进行详细介绍。

2.3　本章小结

在本章中，我们讨论了区块链网络的种类与性质、区块链的交易形式；讨论了挖矿的概念，以及对矿工的激励机制；探讨了区块的数据结构以及是如何形成区块链的；最后，介绍了区块链的高度与分叉，以及区块链网络中主流的共识机制。

习　题

1. 什么是区块链？

2. 区块如何产生？比特币挖矿的过程是什么样的？

3. 区块由哪几部分组成？区块是如何形成区块链的？

4. 什么是分叉？分叉对区块链有什么影响？

5. 区块链如何达成共识？比特币使用的是什么共识机制？

3 区块链关键技术

　　区块链并非一项全新的技术，而是数字加密、认证签名、信息存储等多种现有成熟计算机技术所构成的整体技术方案，涉及计算机网络、分布式存储、密码学等领域。从技术层面来看，区块链是一种基于块链式数据结构的分布式加密计算基础框架，采取自由化脚本代码组成的智能合约来实现交易过程，既能保证双方交易的有效性又能对交易信息进行验证和永久存储[①]。从应用层面来看，区块链是一种能在具体业务中记录和跟踪任何有价值交易信息的分布式账本，具有不可更改、去中心化、可跟踪、公开透明等特点[②]。这些特点在保证交易真实性的同时，也能在一定程度上规避交易风险，建立交易信任。在以 P2P 网络、分布式账本、共识机制以及智能合约等核心技术的支持下，目前正在形成从底层技术到上层应用的区块链核心架构。

3.1　区块链技术架构

　　区块链，顾名思义就是指用块链式数据结构来验证和存储数据的数据库。在具体的应用中，首先将相关交易资料和时间戳等信息存储到一个区块中，然后利用密码学技术将存储不同内容的区块进行首尾串接，生成一个特定的链表结构。

---

①　https：//zh. wikipedia. org/wiki/%E5%8C%BA%E5%9D%97%E9%93%BE
②　IBM《区块链傻瓜书》

随着交易的进行，不断会有新的区块产生。然后，这些区块将会按照交易顺序依次插入到链表结构中进行存储。这样的数据存储结构一方面能够提升对链上新增快的检索效率，另一方面保证了区块链上内容的不可更改性。如图 3-1 所示，区块链技术架构自下而上分为数据存储层、网络层、共识层、激励层、扩展层以及应用层，其中数据层、网络层、共识层是构建区块链的必要元素，任何一个成熟的区块链技术体系都必须包括这三层结构，而是否需要激励层、扩展层以及应用层则取决于具体的应用场景。

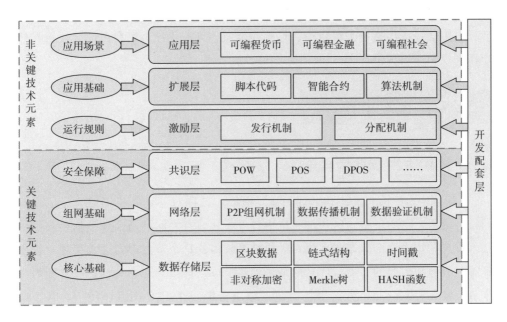

图 3-1　区块链技术架构图

作为区块链技术架构中的最底层，数据存储层是区块链的核心基础，也是区块链的实体（物理）层，主要负责封装区块数据、链式结构、时间戳、非对称加密、Merkle 树、HASH 函数等技术信息[①]。

网络层是区块链的组网基础，也是区块链具有自动组网功能的前提，主要包括 P2P 组网机制、数据传播机制和数据验证机制等。

共识层是区块链的安全保障，也是区块链的核心技术，主要负责封装分布式网络节点的工作量证明（POW）、权益证明（POS）、股份授权证明（DPOS）等

---

① https://www.chainnode.com/post/238531

各类共识算法。

激励层是区块链的运行规则，也是整个系统朝良性循环方向发展的保障，主要负责在区块链技术体系中引入经济激励的发行机制和分配机制等经济因素。激励层一般只存在公有链和联盟链中，而私有链由于在链外就已经对参与记账的节点完成了博弈，因此不对激励层作强制要求。

扩展层是区块链的应用基础，主要负责封装各类脚本代码、智能合约和算法机制，以提供给用户程序编写、程序上传、程序执行等基本功能，保证区块链的"可编程"特性。

应用层是指包括可编程货币、可编程金融、可编程社会等在内的区块链具体应用场景和应用案例。

3.2　P2P 网络

3.2.1　P2P 网络的特点

P2P（Peer—to—peer networking）网络，又称对等计算机网络，是区块链的核心技术，主要负责为区块链系统中各分布式节点之间的通信和数据传输提供技术支持。作为一个分布式系统，区块链系统内的每个节点都需要具备独立提供资源、服务和内容的能力。P2P 网络是将各个节点连接起来的关键，一方面为各个节点输入资源，另一方面为各个节点输出资源。在 P2P 网络环境下，各个节点之间不仅处于一种对等的地位，而且还可以直接联系，每个节点通过既充当资源提供方，又充当资源使用方来实现存储、计算、文件等本地资源在网络环境内部的公开共享。P2P 网络技术主要有以下特点[1]：

（1）去中心化（Decentralization）：P2P 网络使得区块链系统内部的全部资源和服务可以分散地存储在各个分布式节点上，所以各个节点就可以直接处理关于资源和服务的使用请求，无需第三方的介入。这不仅提升了信息传输效率，避免了可能出现的意外，而且也增加了区块链系统的鲁棒性和可拓展性。

（2）可扩展性（Scalability）：受益于分布式存储这一特性，区块链系统的资

---

[1]　百度百科：https：//baike.baidu.com/item/%E5%AF%B9%E7%AD%89%E7%BD%91%E7%BB%9C/5482934? fromtitle=p2p&fromid=139810#viewPageContent

源存储规模和服务响应能力被认为会随着用户的增加而得到同步扩增，所以在P2P网络环境下，用户下载文件资源的速率不会因为大量用户涌入而下降，反而会越来越快。

（3）鲁棒性（Robustness）：由于区块链系统内部的资源和服务是分布在各个节点上的，即使部分节点受到攻击，也不会影响整个区块链系统的正常运行。而且当发生节点出错、新节点加入和旧节点离开等情况时，P2P网络的自组织结构能够迅速调整系统内部节点的拓扑结构，以保证余下节点的正常运行。

（4）高性价比：通过将计算任务或存储资料分布到所有节点上，P2P架构能够充分利用互联网中闲置的计算机资源（包括CPU、存储、带宽等），从而达到高性能计算和海量存储的目的。

（5）隐私保护：在P2P网络中，各个节点之间是直接进行沟通的，无需经历第三方服务器，所以用户信息被泄露的风险较低。

（6）负载均衡：P2P网络环境下，资源分布式存储在系统内部的各个节点中，所以每个节点既是资源提供方，又是资源使用方。当某一个节点需要获取资源或者使用服务时，直接向其相邻节点发送信息即可，有效实现了网络内部资源的负载均衡。

3.2.2　Gossip 与 RAFT 协议

作为一种典型的分布式系统，P2P网络中通常会建立多个副本节点，并在每个副本节点中存储一定的数据和服务资源，以提升系统整体的鲁棒性。而实现这一目标的前提就需要确保，任何时刻不同副本节点存储的数据是完全相同的，否则不同节点之间的数据传输必然出现混乱。目前，P2P网络主要通过采取分布式一致性协议来解决这一问题。下面以Gossip和RAFT两个经典的分布式一致性协议为例，简要介绍P2P网络实现分布式一致性的过程。

（1）Gossip 协议

Gossip协议（Gossip protocol），又称Epidemic Protocol（流行病协议），最早出现在1987年Demers等人发表的学术论文《Epidemic algorithms for replicated database maintenance》中，主要用来同步分布式数据库系统中各个副本对等节点的数据。Gossip协议的执行一般从种子节点开始，当种子节点的状态信息需要传至其他节点时，系统会随机选择该种子周围的一些其他节点进行传染，之后系统对被传染的节点（收到消息的节点）会继续重复这一过程，直到网络系统内部全部节点都被感染。由于上述过程在理论上能够感染全部节点，所以也就满足一致性的要求。为便于理解上述过程，下面以一个实际案例来介绍Gossip 协议的执行过程。在这一案例中，我们首先有以下设定：

（1）Gossip 散播消息的周期为 1 秒；

（2）每个被感染节点随机选择 k（$k=1，2，3$）个相邻节点进行感染；

（3）每次节点传播消息都选择尚未被感染的节点进行传播；

（4）两个节点之间的消息传播是单向的，即收到消息的节点不再将消息传播至发送节点，比如节点 1 传给节点 2，那么节点 2 进行传播的时候，就不再发给节点 1。

如图 3-2 所示，本案例中共有 16 个节点，左上角的节点 1 为种子节点，每两个节点之间通过有向线段连接，其中箭头表示传输方向，线段中的数字表示传染顺序。通过 Gossip 过程，最终所有节点都被感染：

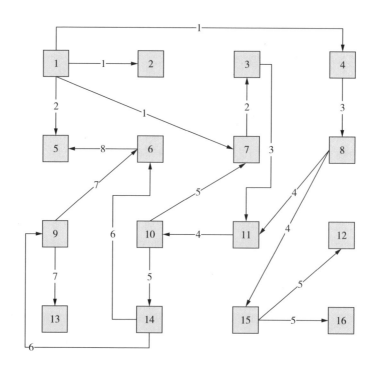

图 3-2　Gossip 节点感染过程

Gossip 协议主要具有以下优势：

※ 可扩展性：Gossip 协议允许在网络中随意增加和减少节点，并且新增加

的节点最终存储的数据和服务也与原有节点保持一致。

※ 强鲁棒性：Gossip 协议的基础是分布式系统，所以网络中任何节点受到攻击，都不会影响整个 Gossip 消息的传播过程。

※ 去中心化：在 Gossip 协议的执行过程中，所有的节点都是以同等身份存在的，并且任意两个节点之间可以直接相连，无需第三方的介入。

※ 一致性收敛：Gossip 协议中的消息会以指数级的速度在网络节点中传播，很快就能够实现不同节点之间的数据一致。假设节点数目为 N，系统可以在 logN 的时间内实现各个节点内数据一致。

由于具有上述优点，目前 Gossip 协议正被广泛应用于比特币等区块链项目来传播交易和区块信息[①]。

（2）Raft 协议

分布式一致性是指在同一个分布式系统内，不同节点存储的数据需要完全相同。但不同节点之间是靠网络连接的，网络就会存在一定程度的延迟，所以不同节点之间并不能时刻保证数据上的一致。Raft 协议就是为了在这种情况下保证系统仍然可用而提出的一种分布式一致性协议。在 Raft 协议下，分布式节点会有 Leader、Candidate 和 Follower 三种身份，但在每个时刻下只能担任三种身份中的其中一种。

Leader：唯一接受修改操作的领导节点；

Candidate：Leader 候选人；

Follower：投票参与者。

Raft 实现分布式一致性的过程如同选举过程一样，如图 3-3 所示。首先将时间划分为若干个任意长度的时间段（Term），这里每个 Term 用一个连续递增的 id 来表示。之后从选主开始，若干个 Candidate 节点主动发出请求让 Follower 节点将选票投给自己，如果某个 Candidate 节点获得最高票数则自动变成 Leader 节点[②]。在 Leader 节点确定之后，选主过程开始进行 Normal operation 的阶段，这时 Leader 节点一方面开始服务，另一方面通过周期性的向余下节点发送 AppendEntry RPCs 消息来不断巩固自身 Leader 地位。但如果某个 Follower 节点在

---

① "P2P 网络核心技术：Gossip 协议". https://www.jianshu.com/p/8279d6fd65bb

② Diego Ongaro and John Ousterhout. In Search of an Understandable Consensus Algorithm. https://raft.github.io/raft.pdf

周期（Term）内没有收到 Leader 节点的 AppendEntry RPCs 消息，选主可能因为选票分裂而失败，则 Follower 节点将在延迟随机时间后开始向其他 Candidate 节点进行投票，以继续选主。

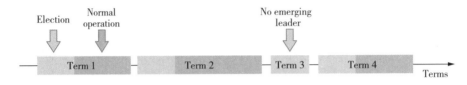

图 3-3　Raft 的选举过程

综上可知，Raft 协议主要具有以下一些性质：

ElectionSafty：每个任期内只能存在一个 Leader 节点。

Leader Append－Only：Leader 节点只具备增加日志信息的权限，不能更改或者删除历史日志信息。

LogMaching：在同一 Term 中如果两个日志的索引相同，则这两个日志完全相同。

Leader Completeness：当前日志需包含日期在该日志之前日志的全部信息。

State Machine Safety：如果某个 Server 日志中的某个条目被提交给状态机处理了，则其他 Server 日志中与该条目具有相同索引的条目也应该得到相同的操作。

3.3　密码学

密码学与区块链是一种相互依存的关系。在区块链中使用密码学技术能够有效保证用户的个人隐私，而不同区块链应用场景的出现又在一定程度上促进了密码学的发展。为此，下面将对区块链中使用最多的几种密码学技术进行简要介绍。

3.3.1　Hash 算法

Hash 算法常被用于构建区块、确认交易完整性以及监测数据变化等方面，是区块链中应用最为广泛的加密算法，能够有效保证区块链系统的运行安全。

（1）定义

Hash（哈希）算法，又称散列算法，是一种能够将任意长度的信息变换为固定长度消息摘要的函数，代表一种数据压缩映射关系，如图 3-4 所示。

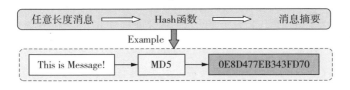

图 3-4　Hash 算法流程

（2）Hash 函数的性质

假设 Hash 函数为 h，则其一般需要满足以下性质：

1）不可逆性

给定输入消息 x，允许通过计算 $y = h（x）$ 得到输出 y，但在现有的科学条件下，不允许从 y 反推出 x。

2）抗冲突性

给定两个不同的输入消息 x_1 和 x_2，$Hash$ 函数 h 必须要保证输出的 $h（x_1）$ 和 $h（x_2）$ 满足 $h（x_1）\neq h（x_2）$。

（3）MD5 算法

MD5 算法，全称为 Message Digest Algorithm MD5 算法，是密码学领域的一种常用散列函数，常被用于操作系统的登录认证以及数字签名中来保证信息传输的完整性和一致性。MD5 算法首先利用一个 512 位分组，且每个分组包含 16 乘 32 的子分组来处理任意长度的输入信息，然后在经过一系列的操作之后，算法会输出一个包含四个 32 位分组 128 位散列值（Hash value）。之后，上一轮计算得到的散列值以及当前的 512 位信息会被传入下一轮计算中。

3.3.2　非对称加密算法

非对称加密算法是一种比对称加密算法更安全的加密技术，也是区块链系统所有权验证机制的基础。只需一对公开密钥和私有密钥，非对称算法就能够实现对"是否授权所发送价值信息数据"和"是否拥有所有权"进行验证，从而保障价值信息转移过程的信任机制。

（1）定义

非对称加密算法（Asymmetric cryptography）是一种公钥公开、密钥保密的加密技术。公钥和私钥必须成对出现，一般如果用公钥对数据加密则只有相应的私钥才能解密，但由于加密和解密操作使用的是两个不同的密钥，所以这项技术是非对称的。

如图 3-5 所示，在一个完整的信息传输过程中，消息接收方需要先生成一对公钥和私钥，并公开公钥。消息发送方通过接收方公开的公钥对所需传送信息进行加密。接收方收到加密后的密文后，再用自己的私钥对信息进行解密，从而完成信息传输。这一过程由于避免了密钥的交换，有效保证了信息的安全性。

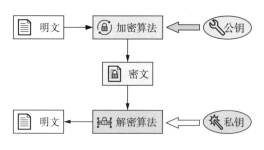

图 3-5　非对称加密流程图

（2）与对称加密算法对比

1）优点

非对称加密算法使用两个密钥值，其中一个用于加密数据（公钥），另一个用于解密数据（私钥）。由于私钥只有持有者知道，所以避免了信息传输，提升了系统安全性。

2）缺点

非对称加密算法的复杂性导致其解密耗时远大于对称加密算法的解密耗时，所以只适用于少量信息加密传输的情形。

（3）RSA 算法

作为目前应用最为广泛的非对称加密算法之一，RSA 是由美国学者罗纳德·李维斯特（Ron Rivest）、阿迪·萨莫尔（Adi Shamir）和伦纳德·阿德曼（Leonard Adleman）于 1977 年一起提出的①，RSA 这一名称就是来源于他们三位姓氏的首字母。RSA 算法是一种在计算上不能从公钥推导出私钥的密码体制[8]，所以在密钥长度足够长的情况下，破解该算法的概率极低。

---

① https：//baike. baidu. com/item/RSA％E7％AE％97％E6％B3％95/263310

1）密钥生成[1]

● 随机取两个大素数 p 和 q（p 与 q 越大，密钥越安全）；

● 计算素数 p 和 q 的乘积 $n=p*q$，并将 n 用二进制表示；

● 计算在小于或等于 n 的正整数中与 n 互质的数的个数 $\varphi(n)=(p-1)(q-1)$；

● 随机选取与 $\varphi(n)$ 互质的公开整数 e，且 $1<e<\varphi(n)$；

● 计算私钥 d，满足 $d*e\equiv 1\ \mathrm{mod}\ \varphi(n)$。

通过扩展欧几里得算法（EEA）可对私钥 d 进行求解，最终得到公钥（n，e）与私钥（d，n）。

2）信息加密

给定公钥（n，e）$= k_{pub}$ 与明文 x，则加密后密文为

$$y=e_{k_{pub}}(x)=x^e\,\mathrm{mod}\,n,$$

其中，x，$y\in Z_n$

3）信息解密

给定私钥（d，n）$= k_{pr}$ 与密文 y，则解密后明文为

$$x=d_{k_{pr}}(y)=y^d\,\mathrm{mod}\,n,$$

其中，x，$y\in Z_n$

3.3.3　消息认证与数字签名

在区块链分布式网络中，主要通过消息认证与数字签名技术来对消息的摘要进行加密，以实现身份认证以及消息保护，进而保证区块链中各个节点之间能够互相信任地通讯。下面将对消息认证与数字签名分别进行介绍。

（1）消息认证

消息认证（Message Authentication）就是指信息接收方验证信息发送方所发消息的完整性，一方面要验证该信息在发送过程中是否被篡改、重放或重组，另一方面是要验证信息发送方的真实身份，即数据起源认证。

---

[1]　康桂花主编，计算概论，中国铁道出版社

（2）消息认证中常见攻击手段与对策

1）篡改攻击

篡改攻击指以插入、删除、替换等方式对消息进行操作，以达到修改信息的目的。消息认证码和 Hash 算法是避免消息被篡改的两种常用技术。

2）重放攻击

重放攻击指在消息的传输过程中，对消息进行截获并在后期再使用截获的信息。通常习惯在认证消息中添加一个特殊的非重复值，以防止消息受到这种攻击。常见的非重复值包括随机数、时间戳、身份标识符等。

3）重组攻击

重组攻击是指将之前协议执行时所传输的全部信息进行重新组合所发起的攻击。为了避免这种攻击，通常习惯将协议运行中的消息通过序列号的形式连接起来。

4）冒充攻击

冒充攻击是指第三方冒充真实的信息发送方发布虚假消息，所以可以通过身份认证技术对这类攻击进行防御。

（3）消息认证三种方式

1）消息加密：直接对消息加密，并根据所得密文进行消息的区分，以防止存储和传播过程中出现消息泄露的情况。

2）消息认证码：是指利用特定算法产生的一小段数值信息，能够作为信息的鉴别符，用来验证消息的完整性。

3）Hash 函数：是指利用 Hash 函数将任意长度的信息变换为固定长度的散列值，并作为信息的鉴别符。

（4）消息认证码

消息认证码（Message Authentication Code，MAC）是一种用于确认消息完整性以及完成身份认证的技术。该技术的基本流程与数字签名较为类似，都是在将得到的鉴别符加入到信息中后才开始进行传输，但不同的是，在生成和认证鉴别符时，MAC 使用共享密钥 k 来进行加密或解密操作。

1）消息认证码步骤

如图 3-6 所示，在消息传输过程中，消息认证码的使用主要包括以下步骤：

● 通信双方共享密钥 k；

● 消息发送方利用密钥对明文进行加密生成 MAC 值；

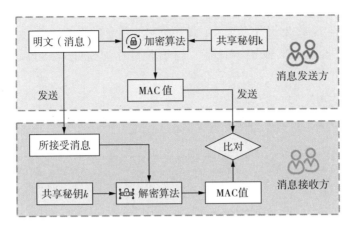

图 3 - 6　MAC算法流程图

● 消息发送方将消息与 MAC 值组合发送给消息接收方；

● 消息接收方利用密钥与所接受消息计算 MAC 值；

● 消息接收方将计算所得 MAC 值与接受 MAC 值进行比对，若已知则认证成功，否则失败。

2）HMAC

由于 MAC 技术需要通信双方共享密钥，会在一定程度上增加信息泄露风险，所以实际中更倾向于使用与 Hash 函数相结合的 HMAC 方法。该方法的主要流程包括：

● 首先在对称密钥 k 右侧填充 0，直至密钥长度变为 Hash 函数输入分组长度 b。若密钥本身长度就大于 Hash 函数分组长度 b，则先利用 Hash 函数求出该密钥的散列值，作为 HMAC 的密钥 k^+。

● 将所得密钥 k^+ 与 ipad 进行异或操作得到一个与 Hash 函数分组长度相同的 ipadkey 值，其中 ipad = 00110110，00110110，…，00110110，长度为 b。

● 同时将密钥 k^+ 与 opad 进行异或操作得到另一个与 Hash 函数分组长度相同的 opadkey 值，其中 opad = 01011100，01011100，…，01011100，长度为 b。

● 将 ipadkey 加至消息开头，并输入给 Hash 函数计算散列值，并将散列值加至 opadkey 后面。

● 将所得结果输入给 Hash 函数计算最终散列值，即为 HMAC 值。

相较于只使用对称密钥的 MAC 方法，HMAC 由于引入 Hash 方法，不仅提升了效率，也提升了安全性。

（5）数字签名

数字签名，又称公钥数字签名，是一种只有消息发送方才能产生的一段数字串，既能用于签名，又能用于认证，属于非对称加密技术和数字摘要技术的应用。

1）基本流程

如图 3-7 所示，数字签名主要流程为：

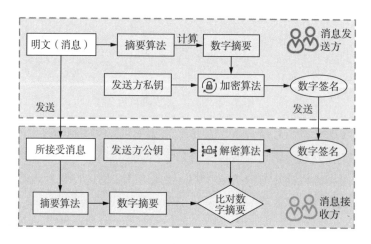

图 3-7　数字签名流程图

● 通信双方共享摘要算法，消息发送者生成一对密钥；

● 消息发送者首先利用摘要算法对明文（消息）进行计算，得出对应数字摘要。然后利用消息发送私钥对所得数字摘要进行加密，即为数字签名；

● 消息发送方将数字签名与消息一同发送给消息接收方；

● 消息接收方利用摘要算法对消息进行计算，得出对应数字摘要；同时利用消息发送方公钥解密数字签名，得出另一组数字摘要。若两组数字摘要一致，则该消息确认为消息发送者所发出。

2）特点

唯一性：数字签名所采用信息对签名者唯一，避免伪造或否认。

可验证：数字签名从算法上可验证，消息接收方可确认签名来自消息发送方。

不可篡改：消息接受方仅能确认签名而无法修改签名。

抗伪造：数字签名从算法角度不可伪造。

可用性：数字签名的计算、验证须相对简单，且可备份。

（6）数字签名常用算法

常用的数字签名算法包括 RSA、DSA 与 ECDSA 算法。RSA 算法前面已有介绍，下面将只对 DSA 与 ECDSA 算法进行简单介绍。

1）DSA

DSA（Digital Signature Algorithm）是一种只能用来作为数字签名不能用来加密或解密的公开密钥算法。由于 DSA 签名过程较短，具备更高的效率，而且 DSA 的安全性与 RSA 相仿，等价于求解离散对数问题的困难性，所以具备更好的兼容性和适用性。

2）ECDSA

ECDSA（Elliptic Curve Digital Signature Algorithm），又称椭圆曲线数字签名算法，是基于椭圆曲线密码（Elliptic curve cryptography，ECC）与 DSA 的签名算法。虽然其签名过程与 DSA 相似，但其安全性更高，等价于求解基于椭圆曲线的离散对数问题。而且由于 ECDSA 使用的密钥较短，整个签名过程涉及的计算较少，效率更高。

3.3.4 其他相关技术

得益于对现有密码学技术的应用与不断创新，区块链的安全性也不断提高。但随着数学、密码学学科以及计算机硬件的不断发展，区块链在技术安全方面仍面临着很多的风险与挑战。下面将以抗量子加密、同态加密为例来介绍一些最前沿的安全加密技术

（1）抗量子加密

虽然 21 世纪是网络信息时代，但生物学、量子力学等新兴学科依然在蓬勃发展。量子信息学的发展催生了量子计算、量子加密以及量子通信等技术的出现。不同于以往计算模式，量子计算具备天然的并行性。这一特性虽然能够解决诸多不能被当前计算机所求解的问题，但同时也为基于公钥的加密技术带来了空前挑战，引起了各国的广泛关注。2015 年 8 月 19 日，美国国家安全局就在其官方网站上宣布正式启动"抗量子密码体制"。一年后，中国的第一颗量子科学实验卫星"墨子号"也在酒泉卫星发射中心发射成功。

量子密码，又称量子通信，旨在利用量子纠缠的特点来实现传统加密算法的密钥分发工程，简称为量子密钥分发（Quantum Key Distribution，QKD）。

QKD 最大的特点在于利用了量子纠缠状态的不可预测性来不断的给用户更新密钥，从理论上为用户提供了安全保障。

抗量子密码（Quantum Resistant Cryptography，QRC）是目前用于密码破译的最新量子计算算法，其本质是一种能够抵御量子计算计算机攻击的数学密码。QRC 主要包括基于编码的算法、基于多变量多项式的加密算法（Multi-variable polynomial，M 类）、基于安全散列函数的算法（Secure Hash-based，S 类），以及格基加密算法（Lattice-based Encryption，L 类）四类。由于目前量子计算机攻击的都是第一代类型的公钥密码，所以人们需要尽快拿出新的加密方案，以重塑网络空间的信任纽带。

（2）同态加密

同态加密（Homomorphic Encryption）是由 Rivest 等人于 1978 年在一般加密算法基础上提出的一种具有特殊自然属性的加密方法，不仅具有一般加密算法具备的基本加密功能，还能够支持对密文进行操作。同态加密的最大优点是如果直接先对密文进行计算和处理，然后再解密，能够得到与直接处理明文相同的结果。所以利用同态加密技术既能够让解密方在不对密文解密的情况下了解最终结果，又能够避免密文传输，有效提升了系统的安全性和运行效率。目前，同态加密技术正被广泛用于云计算、多方保密计算以及匿名投票环境下帮助解决数据私密性问题。

世界上的第一款同态加密体制是 IBM 的研究人员于 2009 年设计出的。在该体制下，对密文进行任何运算操作得到的结果，与对明文进行相同运算操作后得到结果的加密结果完全相同。这一特点既保证了私密性，也提升了密文的使用价值。自此之后，公司能够将敏感的数据放在远程服务器中，本地即使不对这些数据进行调用，但依然能够进行相应的操作并获取结果，有效降低了数据信息传输过程中被攻击的风险。

3.4　共识算法

3.4.1　拜占庭将军问题

拜占庭将军问题在本教材第二章第二节已有介绍，这里不再具体赘述。总之，这些将军们彼此之间只能依靠信使传递消息（无法聚在一起商谈）。所以每个将军在观察自己方位的敌情以后，需要想发设法通过信使与其他将军讨论接下来的作战计划，以防止被敌人攻破。但由于军队将军很有可能会背叛，所以如何安全的传递消息成为了一个难题。

这一情形与区块链分布式系统各个节点之间的通信不谋而合。在这种情况下，我们可以将分布式系统内的每个节点看成一个将军，将节点之间的网络通道理解成将军之间的信使。针对每次运算（攻击），不同节点之间同样也只有保证数据的一致（达成一致的作战计划），才能保证分布式系统的正常运行。但网络通信过程很有可能会出现故障或者受到攻击（将军背叛），而这将会导致不同节点之间出现不一致的情况，所以如何在这种情况下保证分布式系统的正常运行就是一个典型的拜占庭将军问题。Leslie·Lamport 是最早研究该问题的学者，并在论文《The Byzantine Generals Problem》中给出了该问题的解决方案。为了更好的理解拜占庭将军问题，下面将以 4 支军队为例对其进行简要介绍。

假设在一个具体的战役中，4 支军队从不同的地方一起围攻一个敌人，并且只有同时发起进攻的军队数量大于等于 3 支，才能全歼敌人，否则就会被敌人消灭。那么在 4 支军队中有一支军队的将军是叛徒的情形下，如何才能保证在同一时间下有不少于 3 支军队同时发起进攻呢？

下面，我们来初步分析下将军们面临的核心问题：当 4 支军队的将军 A、B、C、D 把敌人包围了之后，必须协商一个统一的时间去发起进攻。

第一种情况：假设 A 是忠诚的将军，A 将军派出了 3 个信使，分别告诉 B、C、D 将军，下午 1 点准时发起进攻。到了下午 1 点，A、C、D 三个将军发起了进攻，歼灭了敌人。虽然这个时候 B 将军是背叛的，但对最终战斗结果却没有影响，如图 3-8 和 3-9 所示。

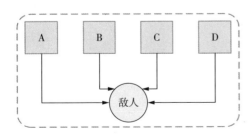

图 3-8

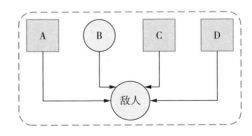

图 3-9

第二种情况：假设 A 将军是背叛者，A 将军同样派出了 3 个信使，分别告诉 B、C、D 将军会在下午 1 点、2 点、3 点发起进攻，如图 3 - 10 所示。然后，B 将军分别派出信使去告诉 C 和 D 两位将军，自己收到的命令是下午 1 点进攻。而 C 也同样派出了信使分别告诉 B 和 D 两位将军，自己收到的命令是下午 2 点进攻。最后，D 也通过信使告诉了 B 和 C 两位将军，自己收到的命令是下午 3 点进攻。综合来看，B 总共得到了 3 条指令，分别是 A 命令 B 下午 1 点进攻，A 命令 C 下午 2 点进攻，以及 A 命令 D 下午 3 点进攻。所以 B 很容易发现 A 就是背叛者（因为 B 知道最多只有一个背叛者）。同理，C 和 D 也能做出同样的判断，因此这次进攻时间的协商是无效的。其他情况，也可以得到类似的结果，这里不做赘述。

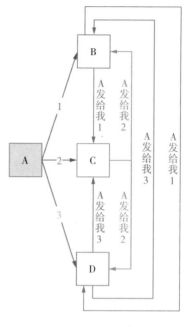

图 3 - 10

3.4.2　PBFT 算法

为了提升拜占庭问题的求解效率，Miguel Castro（卡斯特罗）和 Barbara Liskov（利斯科夫）在 1999 年提出来了 PBFT（Practical Byzantine Fault Tolerance）算法，中文译为实用拜占庭容错算法。该算法最大的特点在于，会要求每一个收到命令的将军，去告诉其他将军自己收到的命令内容。

假设 B 将军是背叛者，然后使用 PBFT 算法来解决该问题，整个过程如图 3 - 11 所示。首先 A 将军派出了 3 个信

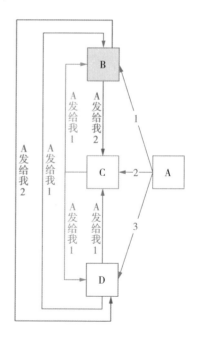

图 3 - 11

使，分别告诉 B、C、D 将军，下午 1 点准时发起进攻，但 B 将军派信使告诉 C 将军和 D 将军的是，下午两点准时发起进攻。C 将军告诉 B 将军和 D 将军的是下午 1 点准时发起进攻，而 D 将军告诉 B 将军和 C 将军的也是下午 1 点准时发起进攻。

我们也可以使用该方法类推其他的情况，然后发现无论谁是背叛者，只要每个将军能够执行收到次数最多的命令，执行结果一般就不会出问题。

BPFT 算法（可扫 PBFT 算法二维码了解）所解决的就是上述问题的一般化形式。即当 N 个将军围攻一个敌人时，如何通过信使通信来保证最后发起进攻的军队数目足以全歼敌人。目前，针对该问题，学术界已经证明了 BPFT 算法的有效性并发现，在有 M 个叛徒的情况下，如果军队的数目 N 大于 $3M + 1$，则一定能够保证发起有效的进攻[①]。

作为区块链中分布式共识算法的一种，PBFT 算法的主要任务是用来保证分布式系统内各个节点上数据的一致性，但在 PBFT 算法的使用过程中，每个副本节点都要与其他节点通过 P2P 网络进行同步，所以如果一个分布式系统内节点数目过多，PBFT 算法的性能则较差。虽然 PBFT 算法可以在一个不可信的网络里解决拜占庭容错问题，但目前只主要被应用在联盟链中。

3.4.3 POW 算法

POW（Proof of Work）算法，中文译为工作量证明算法，是 Cynthia Dwork 和 Moni Naor 于 1993 年提出的一种基于算力的共识算法。众所周知，在实际的工作中，工作结果是检验工作有效性的最佳方式，所以我们才能够通过考试分数来了解不同学生的学习情况。而 POW 算法就是一种典型的从结果角度确认某人是否完成了一定量工作的检测算法，能够有效防止资源滥用和服

---

① Practical Byzantine Fault Tolerance. Miguel Castro，Barbara Liskov. https：//www. researchgate. net/publication/34523809

深入浅出 PBFT 算法原理. https：//www. jianshu. com/p/78e2b3d3af62

务攻击。

(1) 工作量证明的基本原理

POW 算法通常会要求用户进行一些适当运算，然后服务提供方通过快速对运算结果进行检验，以确认该用户的需求是否真正被满足。POW 算法的核心在于要求用户完成的工作是容易完成的，而工作结果对于服务提供方又是容易检验的。所以从这一点来看，POW 算法明显不同于验证码技术，因为验证码技术的目的是希望被人类解决而不是计算机来解决。

假设当前的工作需要在基本的字符串 "Hello，world!" 后面添加一个叫 nonce 的整数值，然后对得到的新字符串进行 SHA256 哈希运算，而如果得到的哈希结果（以 16 进制的形式表示）是以 "0000" 开头的，则验证通过，否则不通过。为了证明这个工作量是有效的，我们需要不停的增加 nonce 值，然后一直对得到的新字符串进行 SHA256 哈希运算。最终，将需要 8251 次计算才能找到恰好前 4 位是 "0000" 的哈希散列。而如果将输入变更为 "Hello，world! ＋整数值"，这里整数值从 1 增至 500，那么我们将得到一个包含 500 个值的数组，而数组中的每个值都需要按照上述步骤进行工作量证明。

需要注意的是比特币中工作量的证明函数是动态变化的，并且在每个节点中独立完成。比特币网络每两周会产生 2016 个区块，所以每两个区块之间的平均间隔是十分钟，网络根据之前区块上的计算时间以及算力消耗对任务的难度进行调节。一般而言，如果区块产生的速度比十分钟快则增加难度，比 10 分钟慢则降低难度。

比特币节点上 POW 工作量证明流程[①]：

生成 Merkle Root Hash：节点首先创建一个 Coinbase 交易，然后利用 Merkle Tree 算法将所有即将打包近区块的交易变成 Merkle Root Hash。

组装区块头：将上一步计算出的 Merkle Root Hash 和其他相关字段组装成区块头，这里主要根据区块头的 80 字节数据（Block Header）作为工作量证明的输入。

计算工作量证明的输出：不停地变更区块头中的随机数，即 nonce 的数值，并对每次变更后的的区块头，将结果值与当前网络的目标值做对比，如果小于目标值，则工作量证明完成。该过程可以用图 3-12 表示。

---

① https：//github.com/bitcoin/bitcoin

理解工作量证明机制,将有助于进一步理解区块链的共识过程。

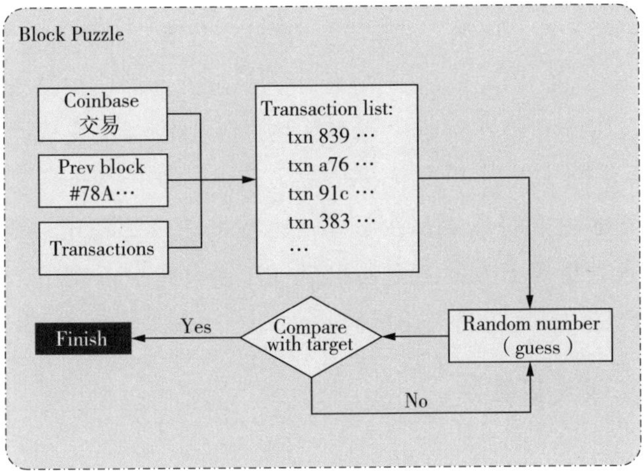

图 3 - 12 难度值调整示意图

3.4.4 POS 算法

从 3.4.3 节可知,POW 算法允许所有的节点对工作量进行证明,所以能实现完全的去中心。但是这也导致对节点自身的性能要求较高,每秒钟最多只能进行七笔交易,效率低下,严重浪费资源。虽然现有技术很难破解 POW 算法,但随着一些高性能计算机如量子计算机的出现,可能很容易就可以攻破 POW 算法中的 Hash 函数。鉴于此,人们提出了权益证明(Proof of Stake,POS)算法作为 POW 算法的替代方案。

POS 算法认为让所有节点进行验证不仅是浪费而且是没必要的,所以创造性的设计出了一种选举机制来避免这种情况。这种选举机制类似于公司中的股东投票机制。众所周知,在公司中,拥有股份越多的股东越容易被选为董事长,而在网络中,拥有货币最多的节点也就越有可能被选为工作量验证者。为了成为验证者,节点首先要存入一定量的货币作为保证金,而保证金份额的大小决定了该节点是否被选为验证者的概率,所以某个节点提交的保证金数目越多,该节点被选为验证者的概率也就越大。虽然看起来,POS 算法明显偏向拥有资源较多的节点,但其实只有掌握超过全网 1/3 资源的节点才能真正主导最终的结果,所以在公平性方面 POS 算法仍然优于 POW 算法。而且 POS 算法设有权益机制,如果某个验证节点进行了欺诈性交易，会有相应的惩罚措施。

POS 算法将节点持有货币的时长定义为币龄，其计算方式为持有货币的总额乘以持有货币的天数。例如，某节点拥有 30 个货币，总共持有 10 天，则其拥有的币龄为 300。如果货币在交易时被使用，币龄就立即会被销毁，但节点会获得相应的利息，用于获得在网络中产生区块以及造币的优先权。通常，每销毁 365 币龄，则会获得 0.05 个币的利息。

目前，由于比特币的产量都在下降，比特币网络的稳定性经常出现问题，POS 就希望在这种情况下鼓励更多的用户打开钱包客户端程序。因为只有这样才能增加矿工数目，从而维持网络的健壮性。

3.4.5　其他共识算法

（1）DPOS 算法

DPOS 算法，全称为股份授权证明机制，是由 Dan Larimer 于 2014 年提出的一种用于区块链分布式系统环境下的共识算法。该算法的基础是 POW 算法，但不同的是，DPOS 算法允许每一个持有比特股的人都进行投票，而且每个节点轮流记账，所以可以实现秒级的交易确认，极大地提高了交易效率。在 DPOS 算法下，不同交易节点之间的权利是完全相等的，所以 DPOS 有点类似人民代表大会制度。但如果轮到某些节点，没有区块产生，则可以认为这些节点未能履行自己的责任，在这时，这些节点就会被网络中的备用节点取代。

比特币就是一种基于 DPOS 算法的密码货币，希望通过引入见证人的概念来发挥 DPOS 算法的民主性，进而消除中心化带来的负面影响。见证人的名单是定期更新的（一般维护周期为一天），并且随机排列，每个见证人会有两秒的权限来产生区块。如果在两秒的时间内，见证人未能产生区块，则将权限移交给下一个见证人。这样做既能够维持网络的正常运行而且也不需要消耗大量的计算。见证人一般是由持有比特股的人对一堆候选者进行投票选取产生的，但一般只有达到总票数前 N 个的（N 通常定义为 101）候选者才能成功当选。

为了让代表没有直接修改网络参数的权利，比特股还设计了另外一类竞选方式，即代表竞选。选出的代表只有对网络参数如交易费用、区块大小、区块区间等修改的建议权，而没有直接修改的权利。但如果代表提出的修改方案在审查期内（两周）得到了大多数持股人的同意，就会按照代表的建议对参数进行修改。

（2）Ripple 算法

Ripple 算法是一种能够在去中心化环境下实现货币兑换、支付与清算的互联网开源支付协议，能够以最小成本来保证分布式系统的正确性、一致性以及可用性。在 Ripple 协议下，存在三个主要角色，分别是客户端（应用）、追踪节点（Tracking Node）和验证节点（Validating Node）。客户端负责发起交易，追踪节点负责将交易分发并及时响应客户端的需求，而验证节点则负责达成共识。在 Ripple 网络下，每隔几秒就会产生一个新的交易区块，而这些区块的产生过程就是网络环境下不同节点之间的共识过程。这也就表明只有系统内的共识达成，区块内的交易信息才会被作为实例数据存储在本地账本中。Ripple 的共识达成是发生在验证节点上的，所以每个验证节点都会有一个可信任节点名单（Unique Node List，UNL）（如图 3 - 13 所示）。UNL 名单上的节点不会联合起来作弊，所以在共识达成过程中，Ripple 算法也就只会考虑 UNL 名单上节点的投票（如图 3 - 14 所示）。一般而言，Ripple 的共识达成过程主要包括以下五个阶段[①]。

1）收集与过滤：每个验证节点在开始的时候会尽可能的收集需要共识的交易信息，并且通过与本地已有数据进行比较，初步过滤出合法的交易数据并将其存入候选集（Candidate Set）中。

2）验证节点通信：每个验证节点将自身的候选集作为提案发给其他验证节点。

3）投票：对于某个验证节点而言，如果其收到的是来自 UNL 上节点的提案，则将收到的提案与本地提案进行对比，并对相同交易进行投票。在一定时间范围内，如果某个交易的得票率大于 50%，则交易进入下一轮。如果超出时间范围内仍然没有交易的得票率满足要求，则进行下一轮共识过程。

4）提升阈值：得票率大于 50% 的交易会被验证节点作为提案再次发给其他节点，以继续提升票数的阈值，直到 80% 为止。

5）账本更新：验证节点把得票率大于 80% 的交易写入到本地账本中，称为最后关闭账本（Last Closed Ledger）。

一般来说，由于参与投票的节点是已知的，Ripple 共识算法通常会有较高的

---

① Ripple 共识算法. https://blog.csdn.net/dhd040805/article/details/79899986

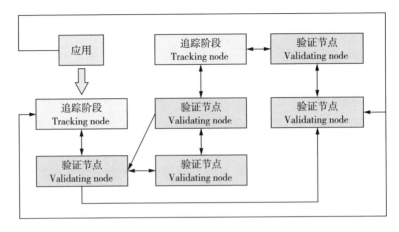

图 3 - 13　Ripple 共识过程节点交互示意图

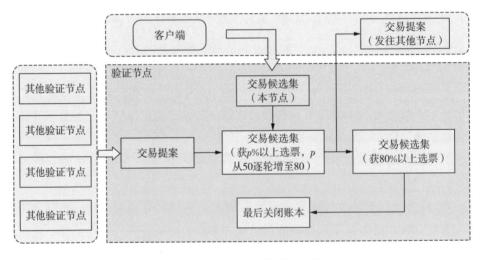

图 3 - 14　Ripple 共识算法流程

效率，能够在几秒钟的时间内就完成对交易的确认。而且即使一个网络中五分之一的节点出现拜占庭错误，Ripple 依然能够达到共识。

3.5　智能合约

智能合约（Smart contract）是由法学家尼克·萨博（Nick Szabo）于 1995 年提出的一种计算机协议，主要用来在网络环境下将合约以信息化方式传播。智能合约的最大特点在于没有第三方的情况下，仍然能够进行可信交易，所以目前智能合约技术正被广泛应用于区块链系统中。

3.5.1　智能合约简介

智能合约本质上来说就是一套数字化的承诺协议，以计算机代码的形式保存在分布式系统的各个节点中。承诺协议的内容主要是由合约各方来敲定的，一般为各方同意的权利和义务。一旦合约中设定某个的条款或事件在计算机网络中被触发时，合约中规定的项目就会被自动执行，而无需第三方的参与。

（1）达成协定

合约的达成主要取决于合约各方什么时候在合约宿主平台上安装合约。一旦合约各方认同合约内容，合约自然而然就被实现了，所以如果选择的智能合约不被各方认同，那么将很难达成协定。这也就表明，选择实施不同的智能合约也会在一定程度上影响参与方的选择。

（2）合约执行

合约执行是指利用各种技术手段将合约具体实施的过程。

（3）计算机可读代码

计算机可读代码表示合约在合约宿主平台上具体的数字存储形式。

萨博最初设计智能合约的目的是希望能够在没有第三方的情况，依然能够进行可追踪且不可逆转的交易。所以作为合约条款的交易协议，智能合约是能够自动执行的计算机程序，工作机理类似于 If－Then 语句。通过以数字化形式嵌入至某些物理实体如自动贩卖机，电子数据交换机中，来进行智能资产的自动创建。其实智能合约的概念在区块链之前就有，但是受限于当时的计算水平，未引起足够的重视。直到 2008 年，在日本学者中本聪提出比特币的概念之后，人们发现智能合约技术能够与与区块链系统完美匹配，相互成全。一方面智能合约能够帮助区块链进行可信赖的交易，另一方面区块链能够促进智能合约技术的有效实现。自此之后，智能合约开始受到了广泛关注。

3.5.2　智能合约运行机制

虽然在不同平台上，智能合约的运行机制可能会存在差异，但一般来说，主要包括以下四个阶段：

生成代码：在合约各方对合约内容达成一致的前提下，首先需要对合约内容是否能够被计算机实现进行评估，如果可行，则由程序员选择合适的编程语言进行实现。但如果不可行，合约各方需要就合约内容继续进行协商，直到合约内容能够被编程实现并且满足各方需求为止。

编译：由于直接用编程语言实现的智能合约不能直接放在区块链系统中，所以需要选择合适的编译器对代码进行转换，然后再上传到区块链系统中。

提交：在区块链中，智能合约是随用户的交易一起被提交的。用户首先通过交易的方式提交合约，然后经过 P2P 网络传输至矿工处被验证有效性。

确认：当用户发起的交易被验证为有效交易之后，存储智能合约的区块会被添加至区块链的数据库中，并返回给用户一个账户地址。以后用户就可以直接根据返回的合约地址信息在下次交易时对智能合约进行调用。智能合约的运行机制如图 3-15 所示。

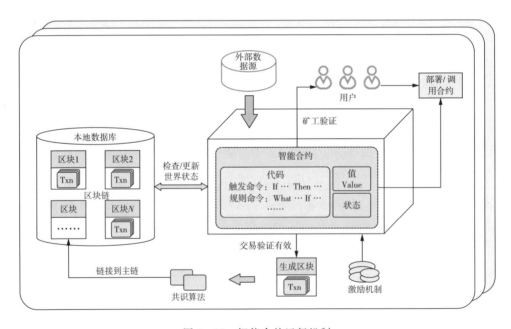

图 3-15　智能合约运行机制

3.5.3　智能合约开发

开放智能合约一般包括编辑、调试、私人测试和 Beta 测试四个主要阶段（如图 3-16 所示）。下面将分别对其阐述。

（1）编辑阶段：用户主要在 Relfos 公司开发的 Neo-Debugger 环境下来编

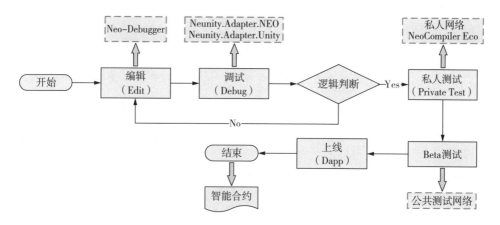

图 3-16 四步流程法开发智能合约

写和运行源代码，并使用特殊版本 Neon 和调试 json 文件来编写可调用级别的测试用例。在不与区块链进行交互的情况下，这一阶段依然能够实时跟踪 GAS 使用情况以及应用程序日志。

（2）调试：用户主要使用适配器来隔离 NeoVM 项目与普通 .Net 项目之间的差异。常用的适配器有 Neunity. Adapter. NEO 和 Neunity. Adapter. Unity，它们分别对应于 NEO 智能合约和 Unity 项目。在适配器层上，用户可以编写应用层逻辑，也可以使用功能级别测试驱动开发（TDD），或者与 C♯Dapp 客户端共享逻辑。

（3）私人测试：这一阶段主要负责将开发的智能合约转到私人网络或者 NeoCompiler Eco 中，通过安排私人用户与区块链进行交互来检验合约的所有功能以及合约本身的完整性和有效性。

（4）Beta 测试：这是智能合约正式上线之前的最后一个阶段，主要负责将开发的智能合约转到公共测试网络环境下，以验证合约是否能够在各种情形下正常运行。

3.6　本章小结

本章介绍了区块链的技术架构与关键技术，熟悉这些关键技术是进一步深入理解区块链应用原理的基础。掌握本章节的知识点，更有利于读者阅读和学习后续章节关于区块链技术在各领域应用的相关内容。

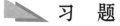 习　题

1. 从技术应用架构角度看，区块链可以大体分为那几个层次？

2. 简要概述区块链系统中各节点之间是如何实现数据协同的？

3. 为什么说利用 HASH 函数可以实现数据的不可篡改？请说明具体原理。

4. POW 算法和 POS 算法相比，各自的优缺点是什么？比特币用的是哪一种共识算法？

5. 请思考：智能合约的"智能"体现在哪些方面？

4 区块链 2.0——以太坊

4.1 简介

以太坊是一个为去中心化应用而生的全球开源平台，在以太坊平台上，你可以编写代码来管理数字资产，这些代码都会按照事先设定的方式来运行，更为重要的是，这一切都不受地域限制①。

这是以太坊官网对于以太坊的定义，其中提到的两个重要内容也是本章的重点内容，去中心化应用以及能够按照事先设定方式来运行的代码也就是智能合约。关于智能合约，将在 4.2 节中给出详细介绍，在介绍各种工具的同时给出一个创建、开发和部署智能合约的具体案例；关于去中心化应用，将在 4.3 节中给出详细介绍，同样给出具体案例。

4.1.1 以太坊的发展

以太坊的概念首次在 2013 至 2014 年间由 Vitalik Buterin 提出，在 2014 年通过 ICO 众筹得以开始快速发展。以太坊主网于 2015 年上线，是目前世界领先的可编程区块链。

在以太坊诞生之初，其开发团队就提出了四个阶段的发展计划，分别是

---

① Ethereum community. Ethereum [EB/OL]. [2020-2-10]. https：// ethereum. org/en/.

Frontier（前沿）、Homestead（家园）、Metropolis（大都会）和 Serenity（宁静）。在前三个阶段以太坊共识算法采用工作量证明机制，也就是以太坊 1.0；在第四阶段 Serenity 中，以太坊将会正式把工作量证明机制（PoW）转换为权益证明机制（PoS），也就是以太坊 2.0。

"前沿"阶段是以太坊的初始试验阶段。此阶段是以太坊开发者测试网络和进行挖矿的阶段。当时以太坊只有命令行界面，没有图形界面。

"家园"是第一个稳定版的以太坊网络。在此阶段，以太坊开发团队加入了"难度炸弹"的设定，每过十万个区块，以太坊挖矿难度将呈指数型增长。

"大都会"分为两个阶段，Byzantium（拜占庭）和 Constantinople（君士坦丁堡）阶段。在拜占庭阶段，以太坊为开发者提供了一个新的隐私工具——在链上高效验证零知识证明（Zero - Knowledge Proof）[1] 的能力，同时增加了可预测燃料收费的功能，提高了挖矿的难度，并且将每次出块的以太币数量从 5 个减少为 3 个；在君士坦丁堡阶段，主要对燃料费用进行了优化，提升了以太坊网络的可扩展性，并将挖矿奖励降低了三分之一。另外，此阶段也是从 POW 机制到 POS 机制的过渡阶段。

"宁静"是以太坊的第四个阶段，该阶段的网络升级会分阶段推出，并将带来分片（Sharding）[2]、权益证明和新的以太坊虚拟机[3]。

4.1.2　以太坊的体系结构

从体系结构上看，以太坊一共包括六层结构，如图 4 - 1 所示。

以太坊的数据层本质上是以区块链为基础结构的分布式账本，以非对称加解密、散列计算等技术为基础，确保存储的数据不易被篡改；网络层遵循 P2P 协议，确保网络的开放和稳定服务；共识层决定区块链的记账权获取机制；激励层即以太坊的挖矿机制，是对为网络提供计算及验证服务矿工的奖励措施；合约层的出现，促进了区块链技术的发展，实现除"虚拟币"外更广泛的场景和流程应

---

[1]　零知识证明技术是由 S. Goldwasser、S. Micali 及 C. Rackoff 在 20 世纪 80 年代初提出的，它指的是证明者可以在不向验证者提供任何有用信息的情况下，让验证者相信某个论断是正确的。

[2]　分片技术的构想是每一笔交易只让一小部分节点看到和处理，所有的节点可以同时平行处理更多的交易。

[3]　ConsenSys. A - short - history - of - ethereum［EB/OL］. (2019.5.13)［2020－2－13］. https：// consensys. net/blog/blockchain - explained/a - short - history - of - ethereum.

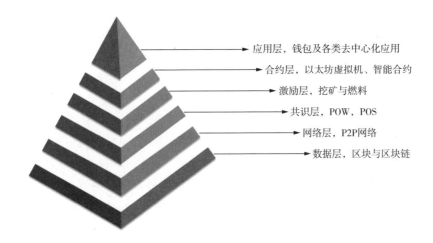

图4-1　以太坊体系结构

用，例如用于保险和物联网领域；应用层则是区块链的展示层与业务层。

我们还可以通过另外一种角度来认识以太坊。如图4-2所示，以太坊顶层是去中心化应用，其通过Web3.js和智能合约层进行交互。智能合约运行在以太坊虚拟机上，通过以太坊虚拟机（Ethereum Virtual Machine，简称EVM）和远程过程调用接口（Remote Procedure Call，简称RPC）与底层区块链进行交互。在EVM和RPC下面是以太坊的四大核心内容，包括：区块链、共识算法、挖矿以及网络层。以太坊底层包含P2P协议、加解密算法等内容。

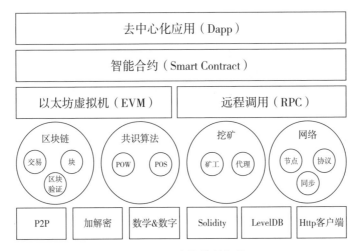

图4-2　以太坊软件架构

（参考赵其刚等编著的《区块链2.0以太坊应用开发指南》）

4.1.3　以太坊的专业术语

下面主要介绍以太坊中常用的几个专业术语。

账户（Account）：账户是以太坊网络的基础工作单元，包括外部账户（Externally Owned Account，简称 EOA）和合约账户（Contract Account，简称 COA）。外部账户便是我们存放以太币的账户，由私钥控制；而合约账户是给智能合约分配的账户，由其合约代码控制并且仅能由外部账户触发。

交易（Transaction）：交易是区块链数据记录的基本单元，转账行为、创建或调用智能合约均为交易，而交易需要燃料。

燃料（Gas）：为避免网络资源被随意浪费、恶意滥用或攻击，要求交易发出账户为其交易中所使用的计算资源消耗燃料。在以太坊网络中，燃料总成本的计算方法为：燃料需求量乘以当前燃料的价格，其中当前燃料的价格用以太币来衡量。

4.2　智能合约

4.2.1　智能合约简介

我们可以通过自动售卖机的例子来理解智能合约，买方投入货币并选择商品，卖方通过内置于自动售货机的逻辑提供商品和找零。内置于自动售卖机的逻辑可以看作是智能合约的早期形态，机器会严格按照设定好的程序进行出货和找零。智能合约的代码独立运行，无须第三方参与。

在区块链技术出现之前，智能合约发展进程缓慢，一个重要原因是缺乏能够支持可编程合约的数字系统和技术。区块链的出现解决了该问题，其不仅可以支持可编程合约而且由于其去中心化、不可篡改、过程透明、可追踪等优点而天然适合智能合约。

以太坊作为一个去中心化的平台，其核心是以太坊虚拟机，智能合约就是运行在虚拟机之上的。通俗来讲，该虚拟机可以看成是一个分布式的、全局的、能够执行智能合约的计算机。

以太坊虚拟机可以运行任何算法复杂的代码。更简单地说，以太坊虚拟机由以太坊网络中的所有节点组成，这些节点通过一个单独的共识连接起来，能够获取智能合约的代码，对其进行处理和执行。

虽然将去中心化的代码当作共识来运行是有利的，但也有缺陷。例如，比在传统计算机上运行更慢而且代价更高，这是因为智能合约的代码运行在所有的节点上。

下面重点介绍以太坊智能合约编程语言，并在一个测试网络上进行运行，我们将展示如何使用开发工具，并介绍主网络部署的基本信息。

4.2.2 Solidity

以太坊虚拟机支持很多编程语言，如 Solidity，JavaScript，GO，C++，Python，Java，Ruby 等。在本节中，重点介绍使用 Solidity 来进行智能合约的开发。

Solidity 是一种流行且受欢迎的以太坊面向对象的编程语言，可用于编写智能合约和在多个区块链上部署代码。

Solidity 是基于 ECMAScrpit[①] 开发的工具，并且受 JavaScript，C++ 和 Python 的影响。Solidity 有一个优势，那就是可以将智能合约交易部署到以太坊周边的其他各种区块链平台上，如以太坊经典[②]、Tendermint[③]。

WebStorm 作为集成开发工具，它有一个用于 Solidity 的插件，这个插件提供了一种编写智能合约的简单方法。此外，WebStorm 还提供了代码高亮和代码补全等功能，使开发变得更加容易。

在已经下载好的 WebStorm 中点击 File，再打开 Settings，选择 Plugins，并在输入框中输入 Solidity，下载图 4-3 中的两个插件，即 Intellij-Solidity 和 Solidity Solhint，下载完毕后需要重新启动 WebStorm。

---

① ECMAScript 是一种由 Ecma 国际通过 ECMA-262 标准化的脚本程序设计语言。这种语言在万维网上应用非常广泛，它往往被称为 JavaScript 或 JScript，所以它可以理解为是 JavaScript 的一个标准，但实际上后两者是 ECMA-262 标准的实现和扩展。

② 以太坊经典（Ethereum Classic）是一个开源的、以区块链为基础的分布式计算平台。它提供了一个分散的具有图灵完备性的虚拟机。该虚拟机可以利用全世界的虚拟机节点网络执行脚本。

③ Tendermint 是一个开源的完整的区块链实现，可以用于公链或联盟链，其官方定位是面向开发者的区块链共识引擎。

图 4 - 3　WebStorm 上安装 Solidity 插件

4.2.3　Ganache

在 Ganache 上可以运行一个模拟以太坊全节点的客户端，并且可以通过命令行与你的智能合约进行交互。这个工具非常有用，你可以设置一个开发网络和一个私有的测试网络来测试你所编写的智能合约代码。

（1）安装 Ganache

为了正确地安装 Ganache，你需要先在 Node.js 的官网下载一个适配你电脑的版本，并通过如下两行命令查看 node 以及 npm 的版本来确认是否已经正确安装 Node.js。

```
node - v
npm - v
```

接着通过 npm 安装 Ganache 并且可以通过 help 命令来判断是否安装成功。

```
npm install - g ganache - cli
ganache - cli help
```

（2）端口接听

在开发并调试合约时，可以在机器上运行 Ganache。首先，需要在终端打开 ganache-cli，用来监听在 truffle.js 中设置的端口。

```
ganache - cli - p 8545
```

成功启动后可以看到输出信息，如图 4 - 4 所示。

```
Gas Price
==================
20000000000

Gas Limit
==================
6721975

Call Gas Limit
==================
9007199254740991

Listening on 127.0.0.1:8545
>
```

图 4 - 4 成功启动 ganache - cli

除了命令行模式，Ganache 还提供了图形化界面的使用，可以通过访问 Ganache 官网下载客户端并安装，主界面如图 4 - 5 所示，通过该客户端可以快速启动个人以太坊区块链，查看所有账户的当前状态，包括他们的地址、私钥以及查看 Ganache 内部区块链的日志输出等信息。

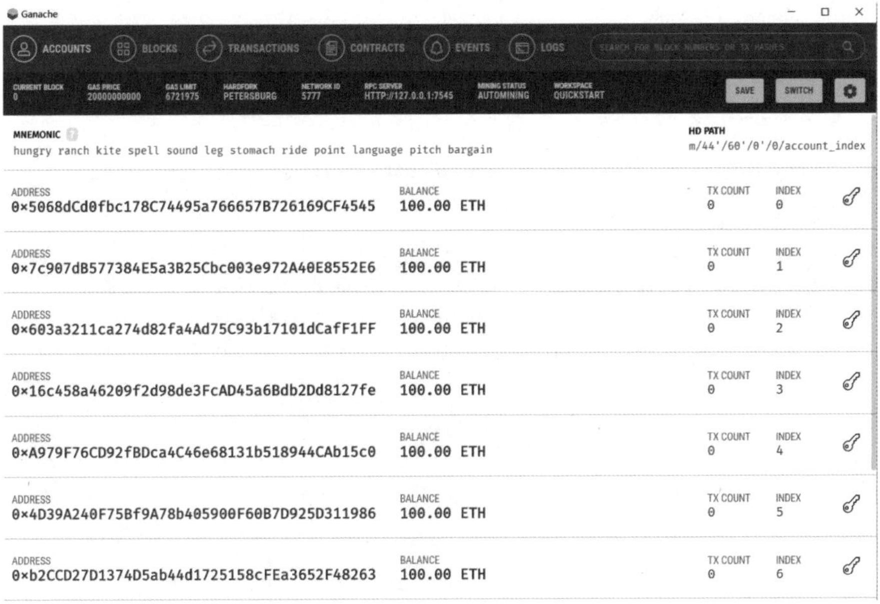

图 4 - 5 Ganache 图形化界面

4.2.4　Truffle

"Truffle 是以太坊的一个开发环境、测试框架和资产管道，旨在让以太坊开发者的生活更轻松"，这是 Truffle 的开发者们对 Truffle 的一个总结。

Truffle 也是以太坊开发受欢迎的工具之一，并且它集成了有助于加快开发周期的库。Truffle 的安装也非常便捷，打开命令行工具并且输入如下命令便能在你的电脑上安装 Truffle，同样通过 help 命令来查看其是否已经正确安装。

```
npm install – g truffle
truffle help
```

（1）创建智能合约项目

首先创建你的工程项目文件夹并将目录位置更改为新项目，再初始化 Truffle 向导以生成启动所需的所有代码。在命令行输入如下命令：

```
mkdir SmartContract
cd SmartContract
truffle init
```

成功初始化之后效果如图 4 - 6 所示。

```
D:\SmartContract>truffle init

Starting init...
=================

> Copying project files to D:\SmartContract

Init successful, sweet!

Try our scaffold commands to get started:
  $ truffle create contract YourContractName # scaffold a contract
  $ truffle create test YourTestName          # scaffold a test

http://trufflesuite.com/docs
```

图 4 - 6　成功初始化 Truffle

接下来，打开 WebStorm 并进入之前所创建的 SmartContract 项目目录。Solidity 用 .sol 作为文件的后缀。当你初始化 Truffle 之后你会发现项目文件夹里自动生成了一个 Migrations.sol 的文件，迁移文件会帮助你部署智能合约到以太坊网络上。

（2）连接 Truffle 到 Ganache 网络

你可以通过设置 URL 和端口来自定义环境。之前我们已经运行了 Ganache，并且设置了监听端口 8545，地址为 127.0.0.1。通过这些设置可以在以太坊区块链网络上部署智能合约。

打开 MySmartContract/truffle‐config.js 文件，并将其中 networks 的部分配置取消注释，如图 4‐7 所示。

```
38    networks: {
39        // Useful for testing. The `development` name is special - truffle uses it by default
40        // if it's defined here and no other network is specified at the command line.
41        // You should run a client (like ganache-cli, geth or parity) in a separate terminal
42        // tab if you use this network and you must also set the `host`, `port` and `network_id`
43        // options below to some value.
44        //
45        development: {
46            host: "127.0.0.1",        // Localhost (default: none)
47            port: 8545,               // Standard Ethereum port (default: none)
48            network_id: "*",          // Any network (default: none)
49        },
```

图 4‐7　修改网络配置

通过配置文件，设置主机端口以及网络 ID，至于 gas 和 gas price 可以应用默认值。至此，只是建立了一个开发环境，当需要移动你的代码从开发环境到公共的测试网络的时候，还可以添加更多的环境变量到这个 truffle‐config.js 文件中。

（3）"Hello World" 智能合约

正如前面所述，智能合约是区块链上的账户对象，你可以编写代码来实现与其他合约的交互、做出决策以及存储数据等功能。一般来说，合约是建立在去中心化的基础之上的，但需要注意的是，它们可以通过一个受监管的选项来编程，使其变为中心化。

与学习其他的编程语言一样，我们的第一个智能合约实例便是 Hello World。这段代码的目的不是创建任何有用的东西，而是帮助你了解如何创建智能合约。

首先，在终端输入如下命令来创建一个名为 HelloWorld 的智能合约。

truffle create contract HelloWorld

如果命令行运行正确，没有任何报错，则这条命令不会产生任何输出。在contracts 的目录下，我们可以看到生成了 HelloWorld.sol 文件，打开此文件并将代码修改成如下所示：

pragma solidity ＞＝ 0.5.0 ＜ 0.7.0;

```
contract HelloWorld {
  string greeting;
  constructor () public {
    greeting = 'Hello World';
  }
  function greet () public view returns (string memory){
    return greeting;
  }
}
```

Solidity 脚本和 JavaScript 或是 C＋＋有些相似并且易于理解。第一行代码用来声明 Solidity 的编译版本，接着在 constructor 里设置了 greeting 变量为'Hello World'，greet（）是主函数，运行之后返回 greeting 变量。

（4）创建 Truffle 迁移文件来部署智能合约

Truffle 迁移文件能够将智能合约部署到网络中，如图 4－8 所示。首先，在 migrations 文件夹下创建一个新的部署文件，命名为 2＿deploy＿contracts.js，并将下述代码加入该文件中。

```
const HelloWorld = artifacts. require ("HelloWorld. sol");
module. exports = function (deployer) {
    deployer. deploy (HelloWorld);
};
```

接着可以通过如下命令来生成迁移文件，

```
truffle create migration deploy
_ my _ contract
```

成功运行之后，你能够在 migrations 文件夹中看到生成的迁移文件。

（5）智能合约编译

运行 Truffle 来编译智能合

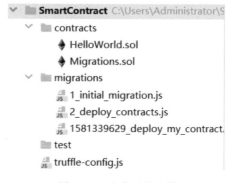

图 4－8　生成迁移文件

约，compile 命令会把 Solidity 代码转化成能够被以太坊虚拟机解释的字节码。现在可以用 Ganache 来模拟以太坊虚拟机。

```
truffle compile
```

成功运行之后可以看到生成 build/contracts/HelloWorld. json 文件，里面包含字节编码，如图 4-9 所示。

```
"metadata": "{\"compiler\":{\"version\":\"0.5.16+commit.9c3226ce\"},\"language\":\"Solidity
"bytecode": "0x60806040523480156100105760008060fd5b506040518060400160405280600a81526020017f48
"deployedBytecode": "0x60806040523480156100105760008060fd5b506040361061002b5760003560e01c8063
```

图 4-9　编译后生成的 json 文件

（6）部署智能合约到开发网络

有了已经编译好的字节码，可以迁移字节码到开发环境，以便运行迁移命令切换到 truffle - config. js 文件中设置的网络。

```
truffle migrate -- network development
```

成功迁移之后可以看到图 4-10 所示的输出。

在图 4-10 中我们可以看到部署"Hello Word"合约时，一共消耗了燃料 163131 份，而燃料的单价为 20Gwei，因而总计花费 3262620 Gwei，也就是 0.00326262 个以太币。

另外，改变代码需要重新编译，重新部署时可以使用下面这条命令，

```
truffle migrate -- reset
```

（7）智能合约交互

现在合约已经部署到开发网络上了，可以通过 Truffle 命令行实现与智能合约的交互，通过下面的命令进入 Truffle 的控制台。

```
truffle console -- network development
```

退出控制台可以通过快捷键 Ctrl+C 两次，也可以在控制台输入 . exit。

进入到 Truffle 控制台，输入以下命令：

```
truffle (development) >HelloWorld. deployed () . then ( _ app = > { hello = _ app })
```

然后调用主函数 greet ()，可以得到如下结果，

```
truffle (development) >hello. greet ()
'Hello World'
```

另外，更加详细的 Truffle 信息可以查看以下链接：

```
2_deploy_contracts.js
=====================

   Deploying 'HelloWorld'
   ----------------------
   > transaction hash:    0xfa296f9866e2c5325a29bbd186abd8b25686b1e59979d64349a17c2fa49c5318
   > Blocks: 0            Seconds: 0
   > contract address:    0xB5A2420958FC592d37A99F313B039DA0E44c87Cb
   > block number:        3
   > block timestamp:     1641881590
   > account:             0x9f4C8ab69885FCCb2c96Ea80617E1b8876f78499
   > balance:             99.99017032
   > gas used:            200129 (0x30dc1)
   > gas price:           20 gwei
   > value sent:          0 ETH
   > total cost:          0.00400258 ETH


   > Saving migration to chain.
   > Saving artifacts
   -------------------------------------
   > Total cost:          0.00400258 ETH


1641880976_deploy_my_contract.js
================================

   > Saving migration to chain.
   -------------------------------------
   > Total cost:                  0 ETH


Summary
=======
> Total deployments:   2
> Final cost:          0.00897942 ETH
```

图 4 - 10   成功迁移之后的输出

https：//www.trufflesuite.com/docs/truffle/overview

4.2.5 Remix

到目前为止，已经使用了 Truffle 工具、Ganache 网络以及 WebStorm IDE 来生成、编译和部署智能合约以及与合约进行交互。这里还有另外一种更加便捷的方法，那就是 Remix。

Remix 提供了一个在线的集成开发环境，可以在浏览器中实现 WebStorm、Truffle 的功能，完成合约的编译执行，如图 4 - 11 所示。Remix 的链接如下：

http：//remix.ethereum.org/

将"Hello World"智能合约代码粘贴到 Remix 上的新建 sol 文件中，然后点击 Solidity Compiler 按钮，选择版本相符的编译器进行编译。

在编译完成之后可以点击 Compilation Details，查看编译细节。

可以看到生成了 ABI（Application Binary Interface，简称 ABI）。借用大家熟悉

的 API 来解释，API 是程序与程序
之间互动的接口。这个接口包含程
序提供外界存取所需的功能、变量
等。ABI 也是程序间互动的接口，
但这里的程序是被编译后的二进
制码。

图 4 - 11 在 Remix 上编译智能合约

另外，还可以看到字节码和
WEB3DEPLOY 等信息，如图 4 - 12
所示。Web3.js 是以太坊的 JavaScript
API，它的库允许你通过 HTTP 或者 IPC 连接与以太坊节点进行交互，而
WEB3DEPLOY 代码可以被部署到本地节点或者其他节点。

BYTECODE

```
{
    "linkReferences": {},
    "object": "60806040523480156100105760008fd5b506040518060400160405280
    "opcodes": "PUSH1 0x80 PUSH1 0x40 MSTORE CALLVALUE DUP1 ISZERO PUSH2
    "sourceMap": "37:191:0:-:0;;;82:58;8:9:-1;5:2;;;30:1;27;20:12;5:2;82:
}
```

ABI

▶ 0:

▶ 1:

WEB3DEPLOY

```
var helloworldContract = web3.eth.contract([{"inputs":[],"stateMutability":"nonpayal
var helloworld = helloworldContract.new(
  {
    from: web3.eth.accounts[0],
    data: '0x6080604052348015610010576000080fd5b506040518060400160405280600b8152602(
    gas: '4700000'
  }, function (e, contract){
   console.log(e, contract);
   if (typeof contract.address !== 'undefined') {
        console.log('Contract mined! address: ' + contract.address + ' transaction!
   }
})
```

图 4 - 12 部分编译细节

4.2.6　其他工具

除了上述的 Ganache，Truffle 和 Remix，还有其他的一些智能合约工具是值得推荐的。例如 Geth、MetaMask 和 Solium 等，Solium 是使 Solidity 代码整洁的解决方案，conteract. io 可以用来交互智能合约，Populus 也是以太坊智能合约开发框架，Parity 是轻量级以太坊节点，Drizzle 是去中心化应用的前端解决方案等等。

4.3　应用开发示例

以太坊是可编程的，其内置了一个图灵完备①的程序语言，并可以由此创建智能合约。开发者可以用它来构建不同于以往的应用程序，也就是去中心化的应用程序（Decentralized Applications，简称 DApp）。

DApp 是能够与智能合约进行交互的 Web 应用程序，而以太坊是当前最流行的运行 DApp 的平台，因其基于区块链技术而被信任，也就是说 DApp 一旦被上传到以太坊，它们将始终按照编好的程序运行。这些应用程序可以控制数字资产，创造新的金融应用；同时还是去中心化的，这意味着没有任何单一实体或个人可以控制它们。

目前，全世界有成千上万名开发者正在以太坊上构建应用程序、发明新的应用程序，其中有许多现在已经可以使用，比如：

① 加密钱包：你可以使用以太币或其他数字资产进行低成本的即时支付；

② 金融应用程序：你可以借贷、投资数字资产；

③ 去中心化市场：你可以交易数字资产，甚至就现实世界事件的"预测"进行交易；

④ 游戏：你可以拥有游戏内的资产，甚至可以由此获得现实收益；

⑤ 保险：区块链提供了可信、不宜篡改的个人征信数据，极大地提高了保险事实审核和理赔的效率。

上节已经介绍了安装 DApp 的开发环境，包括 Node. js、Ganache 节点仿真器、Solidity 的编译器、Web3 以及 Truffle 框架，本节介绍两个简单的以太坊

---

① 图灵完备是指机器执行任何其他可编程计算机能够执行计算的能力。图灵完备也意味着你的语言可以做到能够用图灵机能做到的所有事情，可以解决所有的可计算问题。

DApp 示例项目，分别是 MetaCoin 和 Pet Shop。

4.3.1 MetaCoin

（1）创建项目

首先通过以下命令创建项目目录，并进入该目录：

```
mkdir new
cd new
```

接着通过 Webpack 模板初始化项目框架结构，构建一个基于 Webpack 的项目。

```
truffle unbox webpack
```

成功后可以得到如下结果，并完成了 DApp 项目的构建。

```
Downloading…
Unpacking…
Setting up…
Unbox successful. Sweet!
```

（2）MetaCoin 智能合约

在生成的 contracts 文件夹中可以看到一个示例智能合约 MetaCoin. sol，该合约能够实现给某个账户转账。以下对代码做一些简单的解释说明。

```
pragma solidity >= 0.4.21 <0.7.0;
import "./ConvertLib.sol";
contract MetaCoin {
    mapping (address => uint) balances;
    event Transfer (address indexed _from, address indexed _to, uint256 _value);
    constructor () public {
        balances [msg.sender] = 10000;
    }
    function sendCoin (address receiver, uint amount) public returns (bool sufficient) {
        if (balances [msg.sender] < amount) return false;
        balances [msg.sender] - = amount;
        balances [receiver] + = amount;
        emit Transfer (msg.sender, receiver, amount);
```

```
        return true;
    }
    function getBalanceInEth (address addr) public view returns (uint) {
        return ConvertLib. convert (getBalance (addr), 2);
    }
    function getBalance (address addr) public view returns (uint) {
        return balances [addr];
    }
}
```

导入的类库 ConvertLib. sol 提供了转换函数 Convert，将 MetaCoin 代币转换成以太币。Transfer 这个事件会在 SendCoin 方法中被触发，构造函数设置了当前交易的发送方共有 10000 个 MetaCoin。SendCoin 方法判断了当前账户余额是否大于交易的数值，若大于则减少发送方余额，增加接收方余额，而 getBalanceInEth 以及 getBalance 则提供了查询余额的方法。

（3）配置 Truffle 并启动节点

这里和之前提到的一样，因为 ganache-cli 模拟节点在端口 8545 监听，需要修改 truffle-config. js 文件如图 4-13 所示。

同时打开另一个命令行工具，执行以下命令启动模拟节点，以便进行合约的部署和交易的完成。

```
ganache-cli -p 8545
```

（4）编译并部署智能合约

通过执行以下命令进行智能合约的编译，并且在开发网络中部署：

```
truffle compile
truffle migrate-network development
```

（5）启动 DApp

完成合约的部署之后，我们需要进入 App 目录，并且通过如下命令来启动 DApp：

```
npm run dev
```

图 4-13 便是成功启动 DApp 的部分输出结果，然后就可以在本机 8080 端口查看到这个 DApp，即在浏览器上输入 http：//localhost：8080，就可以看到图 4-14 的页面。

```
D:\new\app>npm run dev

> app@1.0.0 dev
> webpack-dev-server

i 「wds」: Project is running at http://localhost:8080/
i 「wds」: webpack output is served from /
i 「wds」: Content not from webpack is served from D:\new\app\dist
i 「wdm」: Hash: d213bf4387b5f66e26a7
Version: webpack 4.41.2
Time: 1146ms
```

图 4 - 13　启动 DApp

MetaCoin – Example Truffle Dapp

You have **10000** META

Send MetaCoin

Amount:

e.g. 95

To address:

e.g. 0x93e66d9baea28c17

Send MetaCoin

Hint: open the browser developer console to view any errors and warnings.

图 4 - 14　DApp 界面

可以在 Amount 中输入交易的 MetaCoin 数目，在 To address 一栏中输入 Ganache 给出的十个钱包地址中的任意一个来完成这个交易，交易完成后可以看到 MetaCoin 数目会相应地减少，如图 4 - 15 所示。

MetaCoin – Example Truffle Dapp

You have **9905** META

Send MetaCoin

Amount:

95

To address:

0x78FF963d45F358e74da

Send MetaCoin

Transaction complete!

Hint: open the browser developer console to view any errors and warnings.

图 4 - 15　完成交易

至此，已经成功搭建了 MetaCoin 这个简单的去中心化应用，可以通过修改智能合约的内容以及修改 Web 页面来创建更多功能多样的去中心化应用。

4.3.2　Pet Shop

本节展示另外一个去中心化应用的例子——宠物店的收养跟踪系统。背景如下：

Pete 拥有一个宠物店，店里一共拥有 16 只宠物。他想开发一个去中心化应用，把以太坊地址与要被收养的宠物关联起来，从而达到收养跟踪的目的。

Truffle box 已经提供了 pet‐shop 网站部分的代码，我们只需要编写智能合约并完成交互部分即可。

（1）创建项目

首先我们需要建立项目目录，并进入该目录。

```
mkdir pet‐shop
cd pet‐shop
```

接着通过 truffle unbox 创建项目。

```
Truffle unbox pet‐shop
```

这一步骤耗时较长，也可以通过另外一种方式来下载项目所需的文件，那就是直接克隆 GitHub 上的仓库，使用命令如下：

```
git clone https：//github.com/truffle‐box/pet‐shop‐box.git
```

（2）编写智能合约

在 Contracts 目录下创建 Adoption.sol 文件，也就是本项目的智能合约文件。

```
pragma solidity ^0.5.0;
contract Adoption {
    address [16] public adopters;
    function adopt (uint petId) public returns (uint) {
        require (petId >= 0 && petId <= 15);
        adopters [petId] = msg.sender;
        return petId;
    }
    function getAdopters () public view returns (address [16] memory) {
```

```
        return adopters;
    }
}
```

（3）配置 Truffle 并启动节点

因为 ganache - cli 模拟节点在端口 8545 监听，因此依然需要修改 truffle - config. js 文件中的端口号为 8545。

同时打开另一个命令行工具，启动 ganache - cli 模拟节点，并且记下钱包的助记词用来登录 MetaMask 钱包。

（4）编译并部署智能合约

因为 Solidity 是编译型语言，需要把 Solidity 代码编译为 EVM 字节码才能运行。在 pet - shop 根目录下执行如下命令：

```
trufflecomiple
```

编译完成之后，需要在 migrations 文件夹下创建新的部署脚本 2 _ deploy _ contracts. js。

```
const Adoption = artifacts. require ("Adoption");
module. exports = function (deployer) {
    deployer. deploy (Adoption);
};
```

接着在开发网络中部署合约，使用如下命令：

```
truffle migrate -- network development
```

（5）创建用户接口和智能合约交互

完成合约的部署之后，需要创建一个用户界面。Truffle Box pet - shop 中已经包含了本应用的前端代码，代码位于 src 文件夹中。

Web3 是一个实现了与以太坊节点通信的库，利用 Web3 来和合约进行交互。将 app. js 文件中的 initWeb3 函数中的注释删除，并添加如下内容。

```
initWeb3: async function () {
    // Modern dapp browsers...
    if (window. ethereum) {
        App. web3Provider = window. ethereum;
        try {
```

```
    // Request account access
        await window. ethereum. enable ();
    } catch (error) {
        // User denied account access. . .
        console. error ("User denied account access")
    }
}
// Legacy dapp browsers. . .
else if (window. web3) {
    App. web3Provider = window. web3. currentProvider;
}
// If no injected web3 instance is detected, fall back to Ganache
else {
    App. web3Provider = new Web3. providers. HttpProvider ('http: // localhost: 7545');
}
web3 = new Web3 (App. web3Provider);
return App. initContract ();
}
    return App. initWeb3 ();
}
```

需要实例化智能合约，这样 Web3 就知道在哪里找到它并且知道它是如何工作的。Truffle 正好有一个库叫做 truffle – contract，它可以帮我们保存合约部署的信息，因此不需要去手动修改合约地址，修改 initContract（）代码如下：

```
initContract: function () {
    $. getJSON ('Adoption. json', function (data) {
        // Get the necessary contract artifact file and instantiate it with truffle – con-
tract
        var AdoptionArtifact = data;
        App. contracts. Adoption = TruffleContract (AdoptionArtifact);
        // Set the provider for our contract
        App. contracts. Adoption. setProvider (App. web3Provider);
        // Use our contract to retrieve and mark the adopted pets
```

```
    return App. markAdopted ();
  });
  return App. bindEvents ();
}
```

在 app.js 文件中，我们还需要处理领养的代码。访问已部署的合约，然后在该实例上调用 getAdopters ()，使用 call 函数可以从区块链中读取数据。在调用 getAdopters () 之后，循环遍历所有的宠物，检查是否为每个宠物存储了地址。一旦找到一个具有相应地址的 petId，就将禁用 adopt 按钮，并将文本替换为 "Success"，这样用户也能够得到此宠物已被领养的反馈信息。

```
markAdopted: function (adopters, account) {
  var adoptionInstance;
  App. contracts. Adoption. deployed (). then (function (instance) {
    adoptionInstance = instance;
    return adoptionInstance. getAdopters. call ();
  }). then (function (adopters) {
    for (i = 0; i < adopters. length; i++) {
      if (adopters [i] ! == '0x0000000000000000000000000000000000000000') {
        $ ('.panel - pet'). eq (i). find ('button'). text ('Success'). attr
('disabled', true);
      }
    }
  }). catch (function (err) {
    console. log (err. message);
  });
}
```

接着我们修改 handleAdopt () 的代码，使用 Web3 来获取用户的账户，发生错误则选择第一个账户。把领养操作当成交易，把 petId 和一个包含账户地址的对象当作参数调用 adopt () 函数来完成交易。

```
handleAdopt: function (event) {
  event. preventDefault ();
  var petId = parseInt ($ (event. target). data ('id'));
  var adoptionInstance;
```

```
web3. eth. getAccounts (function (error, accounts) {
  if (error) {
    console. log (error);
  }
  var account = accounts [0];
  App. contracts. Adoption. deployed () . then (function (instance) {
    adoptionInstance = instance;
    // Execute adopt as a transaction by sending account
    return adoptionInstance. adopt (petId, {from: account});
  }) . then (function (result) {
    return App. markAdopted ();
  }) . catch (function (err) {
    console. log (err. message);
  });
});
}
```

（6）启动 DApp

执行如下命令，浏览器会自动打开并且显示 DApp，如图 4-16 所示。

```
npm run dev
```

图 4-16　Pet Shop 界面

我们可以选择宠物来领养，当点击任意一个 Adopt 按钮时，MetaMask 会发出交易确认的提示。

点击确认之后，我们便成功领养了宠物，在 MetaMask 可以看到交易数据，并且在网页上可以看到相应的变化，如图 4-17、图 4-18 所示。

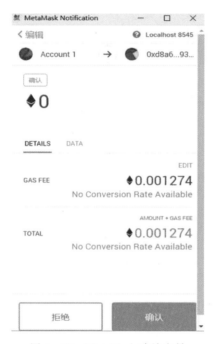

图 4-17　MetaMask 确认交易

图 4-18　成功领养宠物

4.4　本章小结

本章主要介绍了以太坊的相关概念，包括智能合约和去中心化应用这两部分重要内容。介绍了一些以太坊智能合约开发部署的实用工具，并给出了较详细的示例。另外通过介绍 MetaCoin 这个 Truffle 自带的 DApp 项目以及 Pet Shop 这个有趣的实例项目，给大家以直观的认识。

习　题

1. 比较 Geth 与 Parity 两种以太坊客户端命令行控制台操作的异同。

2. 有哪些方法可以连接到一个以太坊节点？

3. 以太坊钱包的私钥、公钥和账户地址是什么，它们有什么联系？

4. 以太坊钱包主要有哪几种，它们各有什么优缺点？

5. 编写一个计算三角形面积的智能合约，在 Ganache 或 Geth 上部署该合约，并用你熟悉的应用开发环境编写一个应用调用该智能合约进行三角形面积的计算。

5 超级账本及案例

如果说比特币是区块链技术应用的原型，那么以以太坊为代表的智能合约就是区块链技术应用场景的延伸发展。

除以太坊之外，超级账本项目是面向企业级应用场景的，也是首次将区块链技术引入到了联盟账本当中。可以说超级账本是对区块链技术应用的深刻变革。超级账本已经逐渐成为主要的商用区块链平台，吸引了人们的眼球。

5.1 概述

5.1.1 超级账本的简介

（1）项目背景

超级账本（Hyperledger）作为一个旨在推动区块链跨行业应用的大型开源项目及全球知名的联盟链项目，它是由 Linux 基金会牵头，包含 IBM、Accenture、Intel 在内的数十家企业于 2015 年 12 月共同创立。创立之初，IBM 贡献了其 4 万多行已有的 Open Blockchain 代码，Digital Asset 贡献了企业和开发者相关资源，R3① 贡献了新的金融交易架构，Intel 贡献了分布式账本相关的

---

① R3 区块链联盟是由美国纽约的区块链创业公司 R3CEV 发起，成立于 2015 年 9 月，成员遍及全球。

代码。截至 2019 年 5 月份，超级账本社区总会员数超过 300 家，涉及金融、银行、互联网、物联网等多个行业，以及政府机关与学术机构等组织。其中中国互联网界的四大巨头阿里、腾讯、京东和百度均包含在内。

超级账本旨在通过推动各方打造一个通用的分布式账本技术，构建满足成员自身业务需求的专属应用程序和平台。超级账本项目中所具有的包括可插拔式、可扩展式的框架设计、背书-共识-提交模型、权限的审查和管理、多通道以及细粒度隐私保护等诸多创新性的设计与理念更是对区块链技术产生了深远影响。

（2）项目的生命周期

超级账本发展到今天已不是某个具体的技术，也不是某个单独的项目，而是一个联合项目，由面向不同目的和场景的子项目组成。所有的项目都要经过提案（Proposal）、孵化（Incubation）、活跃（Active）、退出（Deprecated）、终结（End of Life）等 5 个生命周期。

如果有项目想加入 Hyperledger 社区，需由发起人编写提案，明确项目的目的、范围以及开发计划等重要信息。如果全球技术委员会评审投票通过则可以进入社区并处于孵化状态。孵化的目的是使代码达到质量稳定、可用的标准，满足相应的条件后经技术委员会批准进入活跃状态。活跃状态的项目会持续地完善其功能、修复其错误，以及定期发布更新版本。如果项目已不满足实际的需求，项目维护者可投票表决是否让项目进入弃用状态。如果投票通过进入弃用状态，在弃用状态持续 6 个月后，项目正式进入终止状态，不再维护和开发。

（3）Hyperledger 的正式项目

超级账本的所有项目代码托管在 Gerrit 和 Github 上。发展到今天，超级账本目前存在 15 个正式项目，每一个正式项目都包含若干个模块。下面将介绍这15 个正式项目的相关信息。

① Hyperledger Fabric

Fabric（中文名：织物）从本质上来讲是一个分布式共享账本，旨在作为模块化体系架构成为开发应用程序或解决方案的基础。它包括 Fabric、Fabric CA、Fabric SDK（包含 Node. Js、Python、Go 和 Java 语言）、Fabric docs、Fabric Chanlntool 等模块。它最早由 IBM 和 DAH[①] 于 2015 年底发起，现在由 Linux 基

---

① Digital Asset Holdings（数字资产控股公司，简称 DAH），是一家区块链公司，其产品是为金融机构的结算与清算提供分布式账本解决方案。

金会维护。

② Hyperledger Sawtooth

Sawtooth（中文名：锯齿湖）能够提供一个灵活的架构。它可以做到将系统层与应用层分割开来，它可以简化区块链应用程序的开发，使得开发人员不必关心核心系统的底层设计。同时也是高度模块化的，此外它支持一种全新的共识算法：Proof of Elapsed Time（时间消逝证明）。

③ Hyperledger Iroha

Iroha 是一个简单的区块链平台，采用 C＋＋开发，可以看作是对 Fabric 和 Sawtooth 的补充。由于其基于权限的功能设计和崩溃故障容错共识，其创建的应用程序具有安全、可信任等特点。它的部署和维护比较简单，具有面向开发人员的各种库，采用基于角色的访问控制，它也是模块化设计。可以用来管理数字资产和序列化数据，主要由 Soramitsu① 于 2016 年 10 月发起。

④ Hyperledger Indy

Indy 提供基于区块链或者是其他分布式账本的数字身份管理机制，使得他们能够跨管理域以及应用程序和任何其他孤岛上互相操作。它致力于为去中心化的身份提供解决方案，由 Sovrin 基金会② 发起，在 2017 年 3 月份正式贡献到社区。

⑤ Hyperledger Burrow

Burrow 能够按照以太坊规范执行智能合约代码，是一个授权的区块链节点，也是超级账本中第一个源自以太坊框架的项目。它的出现可以说是为多链世界而构建的，它的组件包括：共识引擎、应用程序区块链接口（ABCI）、智能合约应用程序、网关、应用二进制接口、许可的以太坊虚拟机。它是由 Monax③ 公司发起支持，于 2017 年 4 月份贡献到社区。

⑥ Hyperledger Besu

Besu 是一个使用 Java 语言编写的，采用 Apache2.0 许可协议④的开源以太

---

① Soramitsu 是一家日本技术公司，为企业、大学和政府提供基于区块链的解决方案。具体可以查看该链接：https：//soramitsu.co.jp/♯rec141490354。

② Sovrin 基金会是一家私营的国际非营利组织，其成立是为了管理世界上第一个自我主权（SSI）网络。具体可以查看该链接：https：//ldapwiki.com/wiki/Sovrin%20Foundation。

③ Monax 公司成立于 2014 年 6 月 25 日，Monax 是一家区块链公司，其使命是改变人们追踪和管理合同义务的方式。

④ Apache2.0 许可协议具体内容可以参考该链接：http：//www.apache.org/licenses/LICENSE－2.0。

坊客户端，是超级账本诸多项目中第一个可以在公链上运行的区块链项目。它是专为许可型的公网和私网应用而设计的，可以运行在测试网上，2018 年 11 月启动时叫做 Pantheon。ConsenSys[①] 的协议工程团队 PegaSys[②] 是其核心代码库的主要的贡献者和维护者。

⑦ Hyperledger Quilt

Quilt 是 Interledger 的 Java 实现，是一种支付协议，可以在任何网络上进行付款。Ripple[③] 旗下的部门 Xpring 于 2019 年 11 月 1 日发布了 Hyperledger Quilt v1.0，并声称其可以大大简化国际银行间的支付。

⑧ Hyperledger Ursa

Ursa 是一个模块化的加密软件库。它的目标是简化和整合加密库，从而使得其可以为分布式账本技术项目服务。它的初始贡献者包括 Sovrin、Intel、Fujitsu（富士通）等诸多企业的开发者，于 2018 年 11 月正式被社区接受。

⑨ Hyperledger Aries

Aries 提供了一个可以共享的、互相操作和重复使用的工具包。这是一个基于区块链的进行身份管理的工具包。Aries 使用了 Hyperledger Ursa 提供的加密支持，能够提供安全的秘密管理和分散的密钥管理功能。它最初由来自 Sovrin 基金会、加拿大不列颠哥伦比亚省政府和其他 Indy 社区开发者们共同提供。

⑩ Hyperledger Transact

通过 Hyperledger Transact 提供的共享软件库可以处理智能合约的执行，使得开发分布式账本软件变得更为简易，此外 Hyperledger Transact 也代表了超级账本正在不断地朝着组件化的方向持续演进。Hyperledger Transact 在 2019 年 6 月 27 日正式发布。

⑪ Hyperledger Explorer

Hyperledger Explorer 可以提供 Web 操作界面，通过界面可以查看区块链的内部信息，比如各种区块数据、账本数据、交易数据等，此外也可以对智能合约

---

① ConsenSys 是一家位于纽约的全球性区块链技术公司，旨在构建支持去中心化世界的基础设施、应用程序和实践，并且专注于以太坊网络的建设。该公司由以太坊联合创始人 Joseph Lubin 创办。该公司还孵化了数十家创业公司。

② PegaSys 由 Consensys 全力资助。除了 Besu，PegaSys 还在研发各种项目。

③ Ripple 公司的总部位于美国旧金山，是一家专注于支付领域的金融公司。Ripple 公司致力于推动 Ripple 成为世界范围内各大银行通用的标准交易协议，使货币转账能像发电子邮件那样成本低廉、方便快捷。

进行管理。它是由 DTCC[①]、IBM 和 Intel 共同开发，于 2016 年 8 月贡献到社区。

⑫ Hyperledger Cello

Hyperledger Cello 旨在将区块链即服务的部署模型引入到区块链生态系统当中。通过 Cello 可以很容易地创建和管理多条区块链，减少了创建和终止区块链时的工作量。它是由 IBM 团队于 2017 年 1 月贡献到社区。

⑬ Hyperledger Avalon

Hyperledger Avalon 是为了解决很多区块链项目在可扩展性和隐私性上所面临的挑战。它的核心是提供一种可信的计算服务，帮助开发者获得可信计算的好处并减轻其缺点。

⑭ Hyperledger Caliper

Hyperledger Caliper 是一个测量区块链性能的工具。用户可以通过一组预定义的用例来衡量区块链实施的性能。它支持的性能指标有：事务延迟、资源消耗等。该项目于 2017 年 5 月启动，2018 年 3 月 19 日，Caliper 被社区技术指导委员会接收为一个 Hyperledger 项目。

⑮ Hyperledger Grid

Hyperledger Grid 是一个可以用来创建供应链项目的框架，它本身既不是应用，也不是一个区块链项目。它是由 Intel、Cargill[②] 等公司发起支持的，在 2018 年 12 月正式贡献到社区。

5.1.2 超级账本的系统架构

超级账本发展到今天已经出现了 15 个正式项目。而作为超级账本中第一个出现的正式项目 Hyperledger Fabric，具有举足轻重的地位。Fabric 是分布式分类账本框架，其模块化和通用设计满足了广泛的行业用例需求。本小节将介绍 Fabric 1.0 的系统总体架构和网络节点架构。

（1）系统总体架构

Fabric 的架构主要经历了从 0.6 版本到 1.0 版本。Fabric 1.0 版本的架构相较 0.6 版本而言更加复杂，具有如下几点优势：

---

① 美国证券存托与清算公司（Depository Trust & Clearing Corporation，DTCC）成立于 1999 年，是由存管信托公司（DTC）和全国证券清算公司（NSC）合并而成的控股公司。

② 美国嘉吉公司（Cargill）创立于 1865 年，它是世界上最大的私人控股公司之一、最大的动物营养品和农产品制造商。

在 0.6 版本中，业务逻辑全都集中在 Peer 节点上。1.0 版本则是在 0.6 版本的基础上对 Peer 节点进行了拆分。将共识服务从 Peer 节点当中分离出来，并独立为排序服务节点（Orderer），由其提供共识服务。此外共识服务模块也被设计成了插拔式，允许其运用不同的共识算法来满足不同的商业需求。

在 1.0 版本的架构中加入了多通道的结构，这样在一个区块链网络上就可以运行多个账本，通道之间相互隔离，互不干扰。一个节点可以加入多个通道当中，从而拥有多个账本。多通道设计提高了应用程序和链码之间的安全性和隐私性。

从 Membership 这个模块当中衍生出了 Fabric CA①，使其成为一个独立的模块，具有可插拔式的特点。该模块具有身份注册、颁发证书和进行证书的续期和撤销功能。此外该模块支持多级 CA，从而能够保证根 CA 的绝对安全。

在存储方面，1.0 版本相较 0.6 版本进行了极大的优化。一方面区块的存储采用传统的文件系统。采用文件系统会优于 Key‐Value 数据库；另一方面对于状态数据的存储，可以根据不同的业务逻辑选择 Level DB② 或者 Couch DB③ 进行存储。状态数据的具体内容见 5.1.3 小节。

系统的总体架构如图 5-1 所示。它的底层是由 4 部分构成：成员服务、区块链服务、链码服务、事件流。在这些底层服务的基础之上为上层应用提供了 3 种接口：API、SDK 和 CLI。软件开发工具包（Software Development Kit，SDK）用于进行软件开发。命令行界面（command‐line interface，CLI），用户在该界面输入相应指令，计算机接收到指令后，会自动执行。Fabric 在 API 的基础上封装了不同的 SDK，有 Java、Python、Go 和 Node.js。此外，对于开发者而言，可以很快速地通过 CLI 去测试链码或者是查询交易的状态，CLI 支持以命令行的形式完成与 Peer 节点相关的操作。

① 成员服务

在企业级区块链应用程序中，成员以及节点只有获得相应的证书才能加入区块链网络当中并发挥作用。该部分将非许可的区块链转变成了许可的区块链，为

---

① 证书颁发机构（Certificate Authority，CA）即颁发数字证书的机构，负责数字证书的发放与管理，并且具有对公钥的合法性进行检验的职责，同时也是电子商务交易中受信任的第三方机构。

② Level DB 是一个非常高效的 key‐value 数据库，数据库中的数据都是以键值对的形式进行存储的。

③ Couch DB 具体内容可以参考链接：https：// baike. baidu. com/item/CouchDB/8064651？fr = aladdin。

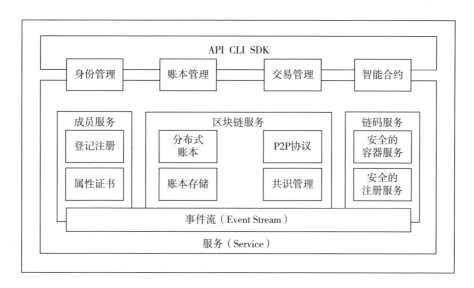

图 5-1　Fabric 1.0 的系统总体架构图

（参考于：Binh Nguyen. Hyperledger Fabric v1.0 Deep Dive ［R］. IBM，2017.）

Fabric 的参与者提供身份管理、保密性和可审核性的服务。

② 区块链服务

对于同一链上的不同节点区块能够保证其一致性，区块内部交易的有效和有序也能得到充分的保证。此外，该部分还负责账本的存储、账本的分布式计算以及众多节点间 P2P 协议的实现。网络节点采用的是基于 Gossip 的 P2P 数据分发，从而很好地提高了其数据的传输效率。该部分可以说是超级账本区块链的核心所在，对于区块链应有功能的实现起到了很好的技术支撑。

③ 链码服务

该部分确保了智能合约的安全实现。Fabric 采用了一个轻量级的容器 Docker。每一个容器都可以运行独立的服务，容器之间相互隔离、互不干扰。采用 Docker 来对普通的链码进行管理，从而为其提供了一个安全的运行环境和镜像文件仓库。

④ 事件流

该部分贯穿于上述三者之间，它为各个组件间的异步通信提供了技术支撑。

（2）系统的运行框架

整个超级账本区块链网络是由一系列的节点构成的，可以说节点是区块链的通信主体。节点依据其充当职能不同可以划分成：客户端节点、Peer 节点、排序服务节点和 CA 节点。而 Peer 节点可分为主节点和背书节点。所有的 Peer 节点都是记账节点，负责验证排序服务节点将交易打包后的区块。同一个 Peer 节点根据需要可以同时成为背书节点和主节点。图 5－2 为系统运行时的框架图。下面将介绍上述几类节点：

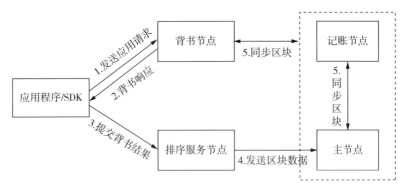

图 5－2　系统的运行框架图

（参考于：https：//hyperledger－fabric. readthedocs. io/en/release－1. 1/
arch－deep－dive. html＃transactions）

① CA 节点

CA 节点用于客户端的身份管理，负责证书的颁发与销毁任务。CA 节点本身不是必需的，也可以由第三方 CA 来颁发与销毁证书。当 CA 节点收到客户端的注册申请后，会返回注册的密码，以便用户获取身份证书。

② 客户端节点

应用程序或者客户端要想与区块链网络进行通信，其必须连接到某一个 Peer 节点或者排序服务节点。应用程序向相关的背书节点发送自己的交易提案，背书节点会将背书响应反馈给应用程序，当应用程序接收到足够多的背书响应后，会将这些交易广播给排序服务节点。

③ 背书节点

背书节点（Endorser）的确定往往是依照相应的背书策略从 Peer 节点中选择出来的。而背书策略是由链码确定，其含义是一个交易要想生效，需要哪些组织对该交易进行确认，那么这些组织就需要为该交易进行背书。背书节点对交易执行（只是模拟执行）后的结果进行签名背书传送给应用程序。

④ 排序服务节点

应用程序会将包含背书签名的交易发送给排序服务节点（Orderer），排序服务节点会对这些排序后的交易进行打包生成区块，并将新生成的区块广播给主节点。排序后的交易顺序就是这些交易在链码上的执行顺序。此外，排序服务节点本身并不对交易进行验证。

⑤ 主节点

主节点（Leader Peer）是从 Peer 节点中选举出来，也可以是强制设置的。主节点是和排序服务节点直接通信的节点。它负责从排序服务节点获取最新的区块，然后在组织内部进行同步。

所有的 Peer 节点会对打包的每一个交易进行验证，从而确保每一个交易都被背书节点背书，而且背书回执都是一致的。如果存在不一致的情况，交易就不会被写入账本当中。

5.1.3 分布式账本

区块链技术从底层角度来讲可以定义为分布式账本技术。账本是所有状态改变的记录的有序集合。本小节将讨论 Fabric 1.0 当中分布式账本技术的相关实现。

（1）概述

分布式账本是通过在不同的节点间达成共识来记录相同的账本数据。超级账本采用的是背书/共识模型。在背书节点处模拟执行链码，模拟执行具有并发性，可以提高系统的吞吐量，在所有的 Peer 节点（记账节点）上验证交易并记录在账本当中。

每个 Peer 节点会拥有一份它加入的通道的账本，而一个 Peer 节点可以加入多个通道当中，故而这个 Peer 节点可以维护多个账本。

（2）账本数据

账本当中的数据采用的是文件系统的存储方式。一个节点处拥有多个账本时，每个账本的数据都存储在不同的目录之下。同一账本下，各区块文件命名时都是以 "blockfile_" 为前缀再加上 6 位数字。数字部分都是从 000000 开始，每次增加 1，中间不允许出现间断。当记账节点接收到新的区块时，如果新的区块大小加上当前区块文件的大小后超过区块文件大小的上限时，则这个新的区块会加入下一个新的区块文件当中。默认的区块文件大小上限是 64MB，一个账本能保存的最大数据量约为 61TB。区块检查点信息记录了已提交到账本的区块信息，包含最新区块的文件编号和文件偏移等。区块文件管理器的检查点信息能够跟踪最新持久化存储的文件。

排序服务节点和 Peer 节点都会保存一份账本，但是每个 Peer 节点会额外地维护以下四个数据库：

账本索引库（IdStore）：用于存储账本编号（LedgerID），记录了存在哪些账本，且可以保证账本编号具有全局唯一性。

区块索引数据库（BlockIndex DB）：用于存储区块索引。

状态数据库（State DB）：默认使用的是 Level DB，也可以选用 Couch DB。它存储了一个账本的状态数据。

历史数据库（History DB）：采用了 Level DB 数据库，存储了键的所有版本变化。

(3) 状态数据和历史数据

在分布式账本中，记录的数据叫做状态，它是以键值对的形式进行存储的。键值对中键可以理解为存放的值的编号，值就是要存放的数据。比如考试信息中，"学号"这个字符串就是"键"，"1001"这个字符串就是"值"，老师根据"学号"这个键的取值来确定这张试卷是谁的。在 Fabric 中，对于某个键，它的读取和写入都是版本化的。读取的时候读到的状态数据是某个时间点的最新版本，而写入的时候版本会发生变化。对于一个键 k，存在一个三元组：(k, ver, val)。其含义是键 k 在版本 ver 下的值为 val。

状态数据又被称为世界状态（World State），它是以键值对的方式保存了一个账本数据状态的最新值。这些最新值都存储在状态数据库中，这样做可以极大地提高对状态的存储与检索效率。由于链码（Chaincode）的调用会根据当前的状态数据来执行交易，状态数据库的存在使得链码可以快捷地获取当前的状态数据。链码也就是智能合约。状态数据库实质上是区块链交易日志的一个索引视图，可以随时生成。当一个 Peer 节点启动后，状态数据库会自动恢复成最新状态。

历史数据记录了状态数据键的所有版本的变化。历史数据库只存储了状态数据的 key 的版本变化，并不存储 value。历史数据库采用了 I evel DB，由于 Level DB 所存储的键值对不允许为 nil（表示无值，任何变量在没有被赋值之前的值都为 nil）。

(4) 交易的模拟和验证

客户端发送交易提案到背书节点，背书节点对客户端的签名验证成功后就会执行链码来模拟这次交易。模拟执行交易会产生读写集。读写集顾名思义分为读集和写集。

读集包含了在模拟期间交易读取的唯一键及其提交的版本的列表。写集包含了唯一键的列表以及交易模拟执行过程中写入的新值。此外如果交易中存在删除键，则会设置键的删除标记。当交易为键多次写了值时，则只会保留最后一次写入的值。如果某次交易中，读取之前对某个键值进行了更新（即写后读），那么其读取的还是已经提交的数据，或者说不支持读取本次交易更新之后的键值。

版本号的设置方法有很多种，最简单的就是采用单调递增的整型数字，如图5-3是一个使用递增的整型数字表示的读写集。

```
<TxReadWriteSet >
    < NsReadWriteSet  name = "chaincode1" >
        < read - set >
            < read  key = "K1" , version = "1" />
            < read  key = "K2" , version = "1" />
        </ read - set >
        < write - set >
            < write  key = "K1" , value = "V1" />
            < write  key = "K3" , value = "V2" />
            < write  key = "K4" , value = "V3" />
            < write  key = "K5" , isDelete = "true" />
        </ write - set >
    </ NsReadWriteSet >
</TxReadWriteSet >
```

图 5-3 读写集示例

背书节点将自己的签名以及产生的读写集一起返回给客户端。客户端将背书结果广播给排序服务节点，排序服务节点会将排序后的交易打包成区块发送给该通道上的主节点。主节点再进行广播，所有的 Peer 节点会对该区块进行验证。除了验证签名的正确性之外，还要验证读写集。

Peer 节点会根据读写集中的读集来检查交易是否有效，再根据写集来更新相应键的版本和值。验证时，会判断读集中键的版本号是否和世界状态（World State）中该键的版本是否一致。键的版本号一致时，当交易中存在范围查询时，读写集就会包含 query - info，此时就会检查范围查询包含的键是否有变化。此时会比较模拟执行时的范围查询与验证阶段范围查询的结果是否相同。如果交易通过了上述的检查，则会根据写集来更新世界状态。

下面通过一个例子来说明。

目前有 6 个交易 T1，T2，T3，T4，T5 和 T6 都是在同一个世界状态下进行模拟，每个交易的读写集操作如图 5-4 所示。

```
World state: (k1,1,v1), (k2,1,v2), (k3,1,v3), (k4,1,v4), (k5,1,v5) , (k6,1,v6)
T1 -> Write(k1, v1'), Write(k2, v2')
T2 -> Read(k1), Write(k3, v3')
T3 -> Write(k2, v2'')
T4 -> Write(k2, v2'''), read(k2)
T5 -> Write(k6, v6'), read(k6)
T6 -> Write(k7, v7'), read(k5)
```

图 5-4　读写集操作

交易的排序为：T1，T2，T3，T4，T5，T6。检查结果如下：

T1 验证通过，因为它没有任何读操作。键 k1 和 k2 世界状态的元组被更新为（k1，2，v1'），（k2，2，v2'）

T2 验证失败，因为它读取的 k1 键的值在 T1 中已被修改。

T3 通过验证，因为它并没有任何读操作。世界状态中 k2 的值被更新为（k2，3，v2"）。

T4 验证失败，因为它读取的 k2 键的值在 T1 中被修改了。

T5 验证通过，因为它读取的 k6 键的值在之前的交易中未被修改，世界状态中 k6 的值被更新为（k6，2，v6'）。

T6 通过验证，因为读取的 k5 的值在之前交易中并未被修改过。世界状态中 k7 的值被更新为（k7，2，v7'）。

5.1.4　共识机制和成员管理

本节介绍共识以及 Fabric 1.0 当中的共识机制以及成员管理的相关内容。

（1）共识

区块链系统从本质来说是一个分布式应用。由于在分布式应用当中存在着诸如系统间通信可能存在故障或者有很大延迟等问题，故而如何在其众多独立的节点间达成一致是一个非常重要的问题。一致性在区块链账本中的重要体现是在不同节点相同区块号的区块内容完全一致，且这些区块按照相同的顺序链接起来。共识算法则有助于实现分布式应用的一致性。共识算法一般有基于彩票的算法

(Lottery – based Algorithm）和基于投票的算法（Voting – based Algorithm）两种类型。

基于彩票的算法是先记账再共识，产生的区块是否为其他区块所接纳有一定概率，就跟买彩票一个道理。它的优点在于区块链网络中任意节点产生的区块都能够传递给其他节点进行验证，缺点是区块确认时间长，而且有可能出现分叉的情形。该类算法有工作量证明算法（Proof of Work，PoW）和时间消逝证明（Proof of Elapsed Time）算法。

基于投票的算法是一种先共识再记账，凡是记账的区块最终都要附加到账本中。它的缺点是达成共识的时间比较长，在低延迟、吞吐量比较大的情形下很难适用。该类算法有基于消息传递的一致性算法（Paxos）和冗余拜占庭容错算法（RBFT）。

（2）Fabric 1.0 的共识机制

由于超级账本是企业级应用的项目，其区块链网络要求必须是可信任的，它的网络节点一般需要通过授权才能加入区块链网络当中，故而超级账本不支持工作量证明算法。

超级账本的 Fabric 1.0 中将共识分为交易背书、交易排序和交易验证 3 个阶段。这 3 个阶段均采用了插拔式设计，可以根据实际需求的不同来选择不同的模块。

① 交易背书阶段

应用程序先将交易请求打包成交易提案之后，然后根据背书策略获取相应的背书节点集合，再将交易提案发送给这些背书节点。背书节点接收到交易提案后会对客户端的签名进行验证，然后会将交易提案的参数作为输入调用链码进行模拟执行。模拟执行包含执行的返回值、读写集的交易结果，但并不会真正地提交数据给账本。等到模拟执行完成后会调用交易背书系统链码 ESCC 对执行结果进行签名，最后再发送给客户端。

② 交易排序阶段

该阶段排序服务节点会接收已经签名背书的交易，确定交易的数量和顺序，此外再将交易打包到区块当中并把该区块传送给连接到这个通道上的所有主节点。在打包成区块的时候一般很少会将一个交易作为一个区块。

③ 交易验证阶段

Peer 节点接收到新的区块后，会根据是否满足相应的背书策略以及读写集中的读集来验证区块中的每一笔交易是否有效。拒绝无效的交易，并将其从区块中剔除掉。验证成功以后会更新账本以及世界状态，然后节点会告知应用程序交易是否加入账本当中以及交易是否有效。验证失败的原因分为语法错误和逻辑错误两大类。

犯了语法错误的交易应该被丢弃掉，这类错误主要包括：无效输入、重复的交易、未验证的签名；逻辑类错误往往更加复杂，需要定义好策略来决定程序是继续执行还是停止执行，有时候还需要记录日志对犯这类错误的交易进行审计。

下面介绍两种 Fabric 支持的排序服务。

① Solo

它是单节点共识，在整个 Fabric 网络当中只有一个排序服务节点来完成排序，但是当这个排序服务节点出现故障时，整个区块链系统就会瘫痪，故而 Solo 算法一般只用于测试模式当中。

② Kafka

Kafka 是一个分布式的消息队列，能够提供全局唯一的消息队列。Fabric 的排序服务节点会从 Kafka 集群里获取相应主题的数据，从而保证了交易数据的有序性。此外，基于 Kafka 的排序服务，可以避免因单节点故障而导致整个网络瘫痪的情形。

(3) Fabric 1.0 的成员管理

成员管理服务提供商（Membership Service Provider，MSP）是 Hyperledger Fabric 1.0 抽象出来的对 Fabric 网络当中的成员进行身份管理与验证的一个模块化组件，具有可插拔的特点。

MSP 用来管理用户的 ID，验证想要加入 Fabric 网络的节点。任何想要加入网络的节点都必须提供有效且合法的 MSP 信息，节点间在进行信息传输时验证节点的签名。

一个 Fabric 网络中可以引入多个 MSP 来进行网络的管理。MSP 的成员身份基于标准的 X.509 证书[①]，签名的密钥使用的是椭圆曲线数字签名算法（ECDSA），利用 PKI 体系给每个成员颁发数字证书，通道内部只有相同的 MSP 内的节点才可以通过 Gossip 协议进行数据分发。

每个 MSP 只有一个根 CA 证书，它是自签名的证书。采用根 CA 证书私钥

---

① https://www.cnblogs.com/watertao/archive/2012/04/08/2437720.html。

签名生成的证书可以签发新的证书，形成树型结构。从根 CA 证书到最终用户证书会形成一个证书信任链。证书类型除了根 CA 证书外，还有中间 CA 证书、MSP 管理员证书、TLS 根 CA 证书、TLS 的中间 CA 证书。

对于一个节点想要使用 MSP 进行签名或者验证签名需要满足如下条件：

① 用于进行节点签名的签名密钥；

② 节点的 X. 509 证书对于 MSP 验证而言是有效的。

有效的身份应该同时满足如下几个条件：

① 身份证书不在证书的吊销列表当中；

② 身份证书符合 X. 509 证书标准且有一条可以验证的证书路径，这条路径可以是到根 CA 证书，也可以是到中间 CA 证书；

③ X. 509 证书的 OU（Organizational Units/组织单元）字段具有一个或者多个在 MSP 中配置的组织单元。

在 Fabric 1.0 中不支持包含 RSA 密钥的证书，可以采用 Cryptogen 来生成 MSP 证书。简单来说 Cryptogen 就是一个用于生成身份认证证书的工具。

Fabric CA 是对 MSP 的真正初始化，是用于身份管理的 MSP 接口的默认实现。Fabric CA 可以用来发行数字证书，以及对数字证书的延期和撤销。此外，Fabric CA 还可以进行用户信息的注册。

Fabric CA 由客户端与服务端两部分组成。

服务端的访问可以通过客户端或者 Fabric SDK。服务端用来进行用户登记以及对注册的数字证书进行管理，此外服务端的所有通信都是通过 RESTful API 进行，通过 HAProxy 等软件实现了服务器集群的负载均衡。数据信息一般可以保存在数据库或者是轻量目录访问协议（Lightweight Directory Access Protocol，LDAP）当中。如果配置了 LDAP，则数据信息会保存在 LDAP 当中，数据库当中就不再进行存储了。目前 Fabric CA 支持的数据库有 SQLite、MySQL 和 PgSQL。

5.2　超级账本应用开发

本节将介绍 Hyperledger Fabric 1.0 的基本环境的安装，简单体验一下 Fabric 上示例网络的部署。整个系统都是部署在虚拟机上面，在 Windows 平台上安装软件 VMware15.5.1，再在 VMware 上安装操作系统 Ubuntu 16.04，并打开 Ubuntu 系统的 VMware Tools 功能。

（1）基本环境的安装

① 获取 Root 权限

先用 sudo su 命令，然后输入 root 密码，获取 root 权限，以下都在 root 权限下进行。

② Docker 安装

通过以下命令进行安装：

```
apt-get update
apt install docker
```

版本测试：

```
docker -v
```

出现 Docker version 18.09.7，build 2d0083d 就安装成功了。

③ 安装 Docker-compose

通过以下命令进行安装：

```
apt install python-pip
pip install docker-compose
```

版本测试：

```
docker-compose -v
```

出现 docker-compose version 1.8.0，build unknown 就安装成功了。

④ 安装 Go 语言

通过如下命令进行安装：

```
cd /usr/local/
wget https://storage.googleapis.com/golang/go1.8.3.linux-amd64.tar.gz
```

进行解压，解压后的文件是 Go。

```
Tar -xf go1.8.3.linux-amd64.tar.gz
```

创建 Gopath 目录，并修改配置文件

```
mkdir /opt/gopath
vi /etc/profile
```

在最后加入：

```
export PATH = $ PATH：/usr/local/go/bin
export GOPATH = /opt/gopath
```

按 Esc 键然后输入：wq! 保存退出，使配置立即生效。

```
source /etc/profile
```

测试 Go 语言：

输入以下命令：

```
cd $ GOPATH
mkdir - p src/hello/
vimhello. go
```

在 hello. go 文件里输入如下代码：

```
package main
import "fmt"
func main () {
fmt. Printf （ "hello，world \ n"）
}
```

通过如下代码进行运行：

```
go runhello. go
```

显示如下结果则 Go 环境配置成功：

```
hello，world
```

⑤ 安装国内 docker 镜像仓库

国外的镜像下载速度特别慢，可以设置国内镜像。

进入 /etc/docker

查看有没有 daemon. json。它是 docker 默认的配置文件。

如果没有则进行创建。新建：

```
vimdaemon. json
```

在新创建的 daemon. json 文件里添加如下内容：

```
{
```

"registry - mirrors"：["https：//registry. docker - cn. com","http：//hub - mirror. c.

163. com"]

　　}

保存退出。

这里将镜像源换成了网易源，此外也可以换成阿里云或中国科学技术大学等提供的镜像。

重启 docker 服务：

service docker restart

（2）e2e_cli 项目的运行

在该部分我们将运行 fabric 的第一个示例项目 e2e_cli 并进行测试。

① 下载超级账本源代码

通过如下代码安装 git 工具：

apt install git

下载 fabric 源码可以通过如下代码：

mkdir - p $ GOPATH/src/github. com/hyperledger/

cd $ GOPATH/src/github. com/hyperledger/

git clonehttps：//gerrit. hyperledger. org/r/fabric - b v1. 0. 0

除了这种方法下载之外也可以直接在 github 上下载好之后，直接拷贝到 $ GOPATH/src/github. com/hyperledger 文件夹里。

② 下载 docker 镜像文件

通过如下代码进入 fabric/scripts 目录：

cd 　/opt/gopath/src/github. com/hyperledger/fabric/scripts

再执行如下命令即可下载：

chmod + x bootstrap - 1. 0. 0. sh

sed - i 's/curl/＃curl/g' bootstrap - 1. 0. 0. sh

. /bootstrap - 1. 0. 0. sh

下载好的 docker 镜像文件如图 5 - 5 所示。

③ 运行 e2e_cli 并测试

通过如下命令切换路径进入 e2e_cli 目录下：

```
===> List out hyperledger docker images
hyperledger/fabric-tools latest 0403fd1c72c7 2 years ago 1.32GB
hyperledger/fabric-tools x86_64-1.0.0 0403fd1c72c7 2 years ago 1.32GB
hyperledger/fabric-couchdb latest 2fbdbf3ab945 2 years ago 1.48GB
hyperledger/fabric-couchdb x86_64-1.0.0 2fbdbf3ab945 2 years ago 1.48GB
hyperledger/fabric-kafka latest dbd3f94de4b5 2 years ago 1.3GB
hyperledger/fabric-kafka x86_64-1.0.0 dbd3f94de4b5 2 years ago 1.3GB
hyperledger/fabric-zookeeper latest e545dbf1c6af 2 years ago 1.31GB
hyperledger/fabric-zookeeper x86_64-1.0.0 e545dbf1c6af 2 years ago 1.31GB
hyperledger/fabric-orderer latest e317ca5638ba 2 years ago 179MB
hyperledger/fabric-orderer x86_64-1.0.0 e317ca5638ba 2 years ago 179MB
hyperledger/fabric-peer latest 6830dcd7b9b5 2 years ago 182MB
hyperledger/fabric-peer x86_64-1.0.0 6830dcd7b9b5 2 years ago 182MB
hyperledger/fabric-javaenv latest 8948126f0935 2 years ago 1.42GB
hyperledger/fabric-javaenv x86_64-1.0.0 8948126f0935 2 years ago 1.42GB
hyperledger/fabric-ccenv latest 7182c260a5ca 2 years ago 1.29GB
hyperledger/fabric-ccenv x86_64-1.0.0 7182c260a5ca 2 years ago 1.29GB
hyperledger/fabric-ca latest a15c59ecda5b 2 years ago 238MB
hyperledger/fabric-ca x86_64-1.0.0 a15c59ecda5b 2 years ago 238MB
```

图 5-5　docker 镜像文件

```
cd $GOPATH/src/github.com/hyperledger/fabric/examples/e2e_cli/
```

如图 5-6 所示：

```
base
channel-artifacts
examples
scripts
configtx.yaml
crypto-config.yaml
docker-compose-cli.yaml
docker-compose-couch.yaml
docker-compose-e2e.yaml
docker-compose-e2e-template.yaml
download-dockerimages.sh
end-to-end.rst
generateArtifacts.sh
network_setup.sh
```

图 5-6　e2e_cli 的目录内容

执行启动命令，它会启动一个 channel01 的 channel：

```
./network_setup.sh up channel01
```

成功运行结果如图 5 - 7 所示。

```
===================== All GOOD, End-2-End execution completed =====================
```

图 5 - 7　e2e_cli 运行结果

示例网络运行在 9 个容器当中，4 个 Peer 节点容器，1 个 Orderer 节点容器，3 个智能合约容器，最后一个是 CLI 容器。CLI 容器用于执行创建通道、加入通道、安装和执行链码等。测试用的链码 Chaincode 中定义了两个变量，实例化时这两个变量被赋予了初始值，可以通过 invoke 函数进行操作使两个变量的值发生变化。

重新打开一个终端，输入如下命令进入到 CLI 中：

docker exec - it cli bash

通过如下命令查看 a 的余额为 90。

peerchaincode query - C channel01 - n mycc - c ' {"Args"：["query","a"]} '

结果如图 5 - 8 所示。

```
root@ubuntu:/# docker exec -it cli bash
root@ff920a004383:/opt/gopath/src/github.com/hyperledger/fabric/peer# peer chaincode q
uery -C channel01 -n mycc -c ' {"Args":["query","a"]}'
2021-10-03 08:23:25.378 UTC [msp] GetLocalMSP -> DEBU 001 Returning existing local MSP
2021-10-03 08:23:25.378 UTC [msp] GetDefaultSigningIdentity -> DEBU 002 Obtaining defa
ult signing identity
2021-10-03 08:23:25.378 UTC [chaincodeCmd] checkChaincodeCmdParams -> INFO 003 Using d
efault escc
2021-10-03 08:23:25.378 UTC [chaincodeCmd] checkChaincodeCmdParams -> INFO 004 Using d
efault vscc
2021-10-03 08:23:25.378 UTC [msp/identity] Sign -> DEBU 005 Sign: plaintext: 0A95070A6
708031A0C08FDD0E58A0610...6D7963631A0A0A0571756572790A0161
2021-10-03 08:23:25.378 UTC [msp/identity] Sign -> DEBU 006 Sign: digest: 3CF3F80951D5
B9DBFD63D1CAC7DA04F3C7EEBB00ED810BDFEEC16394807DFF3D
Query Result: 90
2021-10-03 08:23:25.390 UTC [main] main -> INFO 007 Exiting.....
```

图 5 - 8　a 的余额

通过如下命令查看 b 的余额为 210。

peer chaincode query - C channel01 - n mycc - c ' {"Args"：["query","b"]} '

结果如图 5 - 9 所示。

```
root@ff920a004383:/opt/gopath/src/github.com/hyperledger/fabric/peer# peer chaincode q
uery -C channel01 -n mycc -c ' {"Args":["query","b"]}'
2021-10-03 08:28:26.530 UTC [msp] GetLocalMSP -> DEBU 001 Returning existing local MSP
2021-10-03 08:28:26.530 UTC [msp] GetDefaultSigningIdentity -> DEBU 002 Obtaining defa
ult signing identity
2021-10-03 08:28:26.530 UTC [chaincodeCmd] checkChaincodeCmdParams -> INFO 003 Using d
efault escc
2021-10-03 08:28:26.530 UTC [chaincodeCmd] checkChaincodeCmdParams -> INFO 004 Using d
efault vscc
2021-10-03 08:28:26.530 UTC [msp/identity] Sign -> DEBU 005 Sign: plaintext: 0A95070A6
708031A0C08AAD3E58A0610...6D7963631A0A0A0571756572790A0162
2021-10-03 08:28:26.530 UTC [msp/identity] Sign -> DEBU 006 Sign: digest: ECDC154A5F64
55DC880D8AC7124CADE0BB6DCCD0FDBEA8215B4E9E1BD1AF6558
Query Result: 210
2021-10-03 08:28:26.547 UTC [main] main -> INFO 007 Exiting.....
```

图 5 - 9 b 的余额

转账 50 给 b，执行以下命令：

peerchaincode invoke - o orderer. example. com：7050 -- tls true -- cafile /opt/ gopath/src/github. com/hyperledger/fabric/peer/crypto/ordererOrganizations/ example. com/orderers/orderer. example. com/msp/tlscacerts/tlsca. example. com - cert. pem - C channel01 - nmycc - c ' {"Args"：["invoke","a","b","50"]} '

通过如下命令，再次查看 a 的余额变为 40。

peer chaincode query - C channel01 - n mycc - c ' {"Args"：["query","a"]} '

结果如图 5 - 10 所示。

```
root@ef4108787fb2:/opt/gopath/src/github.com/hyperledger/fabric/peer# peer chaincode query -C
channel01 -n mycc -c '{"Args":["query","a"]}'
2021-10-03 08:53:10.875 UTC [msp] GetLocalMSP -> DEBU 001 Returning existing local MSP
2021-10-03 08:53:10.875 UTC [msp] GetDefaultSigningIdentity -> DEBU 002 Obtaining default sign
ing identity
2021-10-03 08:53:10.876 UTC [chaincodeCmd] checkChaincodeCmdParams -> INFO 003 Using default e
scc
2021-10-03 08:53:10.876 UTC [chaincodeCmd] checkChaincodeCmdParams -> INFO 004 Using default v
scc
2021-10-03 08:53:10.877 UTC [msp/identity] Sign -> DEBU 005 Sign: plaintext: 0A91070A6708031A0
C08F6DEE58A0610...6D7963631A0A0A0571756572790A0161
2021-10-03 08:53:10.877 UTC [msp/identity] Sign -> DEBU 006 Sign: digest: 9AAE36E34E95BE13D413
91E486CDD68FA981CAFBE92C445272883CA5505E6C5D
Query Result: 40
2021-10-03 08:53:10.888 UTC [main] main -> INFO 007 Exiting.....
```

图 5 - 10 a 的余额变化

通过如下命令再次查看 b 的余额变为 260。

peerchaincode query - C channel01 - n mycc - c ' {"Args"：["query", "b"]}'

结果如图 5 - 11 所示。

```
root@ef4108787fb2:/opt/gopath/src/github.com/hyperledger/fabric/peer# peer chaincode query -C
channel01 -n mycc -c '{"Args":["query","b"]}'
2021-10-03 08:55:09.503 UTC [msp] GetLocalMSP -> DEBU 001 Returning existing local MSP
2021-10-03 08:55:09.503 UTC [msp] GetDefaultSigningIdentity -> DEBU 002 Obtaining default sign
ing identity
2021-10-03 08:55:09.503 UTC [chaincodeCmd] checkChaincodeCmdParams -> INFO 003 Using default e
scc
2021-10-03 08:55:09.504 UTC [chaincodeCmd] checkChaincodeCmdParams -> INFO 004 Using default v
scc
2021-10-03 08:55:09.504 UTC [msp/identity] Sign -> DEBU 005 Sign: plaintext: 0A91070A6708031A0
C08EDDFE58A0610...6D7963631A0A0A0571756572790A0162
2021-10-03 08:55:09.504 UTC [msp/identity] Sign -> DEBU 006 Sign: digest: 84198E698F0FDCA1158A
17A08761B82EAEDC799A08A745A32BB916706685AFAD
Query Result: 260
2021-10-03 08:55:09.516 UTC [main] main -> INFO 007 Exiting.....
```

图 5 - 11　b 的余额变化

通过如下命令退出 CLI 容器：

```
exit
```

通过 docker logs 命令可以查看智能合约的容器日志。

docker logs dev - peer0. org1. example. com - mycc - 1. 0

结果如图 5 - 12 所示。

```
root@ubuntu:/home/gopath/src/github.com/hyperledger/fabric/examples/e2e_cli# docker logs dev-p
eer0.org1.example.com-mycc-1.0
ex02 Invoke
Query Response:{"Name":"a","Amount":"100"}
ex02 Invoke
Aval = 90, Bval = 210
ex02 Invoke
Query Response:{"Name":"a","Amount":"90"}
ex02 Invoke
Query Response:{"Name":"b","Amount":"210"}
ex02 Invoke
Aval = 40, Bval = 260
ex02 Invoke
Query Response:{"Name":"a","Amount":"40"}
ex02 Invoke
Query Response:{"Name":"b","Amount":"260"}
```

图 5 - 12　智能合约的容器日志

通过智能合约的容器日志内容，可以清楚地看到 a 对应的资产余额 Aval 和 b 对应的资产余额 Bval 的变动情况。再通过如下命令关闭 Fabric 网络：

./network _ setup. sh down

5.3 超级账本应用案例：医疗数据共享项目

本节将会介绍一个基于 Hyperledger Fabric 的医疗数据共享项目。[①]

5.3.1 概述

在传统的病历系统中，病人的病历信息都存储于所就医的医院，不同的医院之间如同一个个孤岛，彼此的数据相互隔离，无法实现数据共享。同时，传统的病历都是存储在一个中心化的服务器上，其安全性也存在隐患，病人在转院迁移病历时往往比较麻烦。

本文旨在解决传统病历系统的共享性和安全性问题。多个医院组成联盟接入到区块链网络中，从而打破数据孤岛，实现彼此的病历许可共享。由于区块链的去中心化、不可篡改等特性保证了病历数据的安全性。病人借助客户端软件可以查看自己的病历，也可以授权给医生操作病历，既方便了病人也方便了医生。

我们提出并建立了一种基于 Hyperledger Fabric 1.4 版本的共享电子病历系统。整个系统是由区块链网络、客户端、后端服务器接口三部分组成。整个区块链网络是由 4 台云服务器组成。后端服务器接口是采用 node.js 编写的，用来接受客户端的请求，接入区块链网络当中。客户端采用的是微信小程序。

5.3.2 基于微信小程序的前端

本系统的客户端采用的是微信小程序。该微信小程序已在微信上发布，通过在微信上搜索"medicalRecord"，可以找到该微信小程序，结果如图 5 - 13 所示。该系统的用户分为包含医院管理员、病人、医生三个角色。

图 5 - 13　搜索小程序

（1）医院管理员

医院管理员由登录、证书管理、病历溯源三个模块组成。

① 登录

系统对于医院管理员不提供注册接口，管理员的账号是通过 Peer 节点手动输入命令行调用智能合约中的创建管理员的函数生成的，登录时要选择相应的医院。医院管理员登录界面如图 5 - 14 所示。

② 证书管理

管理员根据 ID 发起生成或者删除证书的请求，CA 服务器根据管理员的请求生成或删除相应的证书文件。管理员可以根据 ID 搜索用户。医院管理员的证书管理界面如图 5 - 15 所示。

图 5 - 14　医院管理员登录界面

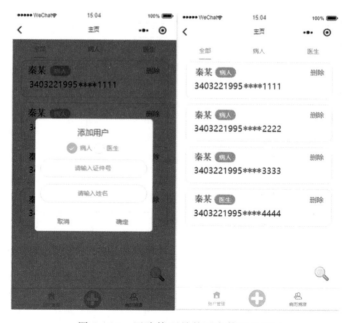

图 5 - 15　医院管理员的证书管理界面

③ 病历溯源

管理员根据病人 ID 进行病历溯源，查看病人到目前为止病历上面的所有操做记录，左右滑动可切换记录，如图 5-16 所示。

图 5-16　医院管理员的病历溯源界面

（2）病人

病人包含注册/登录、主页、病历记录、权限管理四个模块。

① 注册/登录

管理员为病人生成证书后，病人才可进行注册，注册之后进行登录。注册登录界面如图 5-17 所示。

② 主页

病人主页显示病人个人信息以及注销、登录情况，病史还可以修改，根据 Id 生成二维码以方便医生查找，如图 5-18 所示。

③ 病历

病历显示的是此次就诊的相关信息，医生还可以上传另外不超过 5 张相关图片，如图 5-19 所示。

④ 权限管理

病人可以随时添加和删除医生权限，添加时可以扫码或者是输入医生的 ID。

图 5-17 病人的注册登录界面

图 5-18 病人的主页信息

图 5-19 病人的病历信息

出于安全考虑，无论采用哪种方式，都需要经过指纹认证，只有经过病人授权的医生才能查看该病人的病历信息。如图 5-20 所示。

图 5-20 病人的权限管理

（3）医生

医生分为四个模块，注册/登录、主页、搜索、病人管理。医生的所有与病历相关的操作均需要获得授权。

① 注册/登录

管理员为医生生成证书后，医生才可以进行注册，注册之后进行登录。

② 主页

医生主页显示医生信息，右上角是根据 ID 生成的二维码，方便使用，如图 5－21 所示。

图 5－21 医生的主页

③ 搜索

医生根据病人 ID 搜索病历也可以扫描病人的二维码进行搜索，但是只有获得病人授权之后才能获得结果，才可以给该病人添加新的病历，如图 5－22 所示。

④ 病人列表

添加了病历的病人会自动添加到医生的病人列表。如果病历是医生本人添加的，右上角会有编辑图标，可以进行修改，如图 5－23 所示。

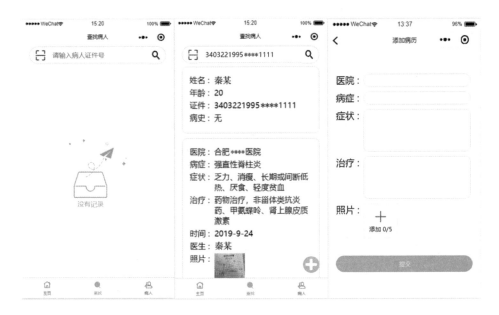

图 5-22 医生病历搜索操作

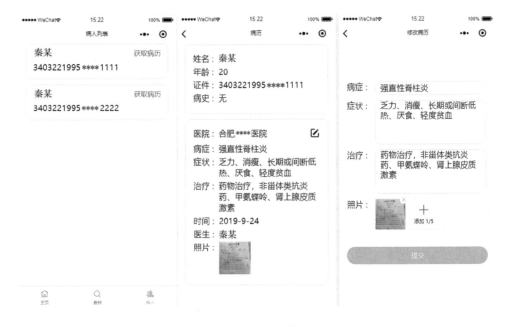

图 5-23 病历修改

5.3.3 基于超级账本的后端

（1）系统的架构

系统的架构如图 5-24 所示。整个系统设计了三个角色：医院、医生、病人。医院作为组织参与区块链网络的运行与维护，为本医院的医生和病人提供访问接口。同时，医院也是证书颁发单位（CA），管理本院医生和病人的证书。获得证书后的医生如果获得了病人的授权，就可以查看、添加、修改病历数据。病人获得证书后可以查看病历和授权医生。

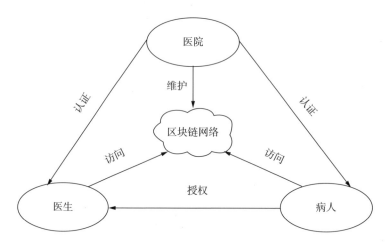

图 5-24　系统的架构图

（2）网络架构

系统的网络结构如图 5-25 所示。组成区块链网络最低需要 4 台服务器，在本案例中，一所医院配置一台服务器，所以最少需要 4 所医院参与。在 Hyperledger Fabric 中，一个通道维护一个账本，为了实现数据共享，所有服务器需要加入同一通道，共同维护同一份账本数据。

除了第四台不用 Zookeeper 之外，每台服务器都需要运行 Zookeeper、Kafka、Orderer、Peer、CA 模块。在 Hyperledger Fabric 1.4 版本中，Zookeeper 和 Kafka 用来实现集群和共识机制，同时可以保证容错，在部分节点宕机时保证区块链网络正常运行。Orderer 节点用来打包交易和生成区块。Peer 节点用以提交交易。CA 节点提供证书服务。用户通过 SDK 接入区块链网络，提交交易请求，获得交易结果。

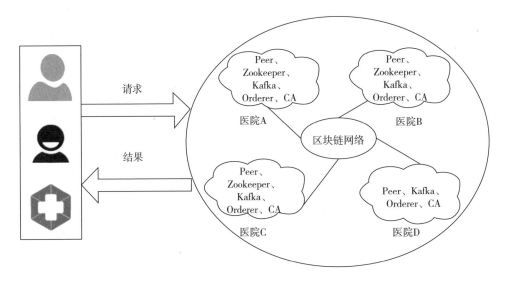

图 5-25 系统的网络结构

服务端节点接收到请求之后，首先向 CA 节点验证用户身份的正确性，之后将请求的交易提交给 Peer 模块，在 Endorse 节点校验背书之后，将运行结果返回给 SDK 节点，经过足够多 Peer 节点背书后，SDK 节点会将交易广播给 Orderer 共识集群，Orderer 集群校验打包交易成区块后分发给 Peer 模块的 Leader 节点，Leader 节点再将区块发送给 Commit 节点，Commit 节点把区块写入 Ledger 账本，同时 SDK 节点会收到交易是否有效的通知，以决定是否返回给客户端。Peer 节点间通过 Anchor 节点通信。Fabric 的底层交互架构如图 5-26 所示。

（3）系统流程设计

在该部分将从医院、医生、病人、访问控制四个方面介绍系统功能及其流程。

① 医院

医院会在事先生成管理员证书和管理员账号。管理员有两个功能，一个是用户证书管理，根据用户的身份证号码在 CA 服务器端注册并生成证书文件，如果用户是病人，会在区块链网络中初始化病人记录。此外，可以根据 ID 删除证书，从而限制用户接入网络。另外一个是进行病历的溯源，根据 ID 可以查看病人到目前为止的所有操作记录。医院的功能流程如图 5-27 所示。

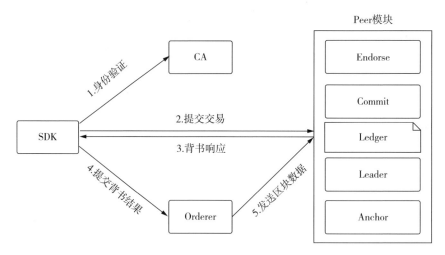

图 5-26 Fabric 底层交互架构图

（参考于：https：//hyperledger－fabric. readthedocs. io/en/release－1. 1/arch－deep－dive. html♯transactions）

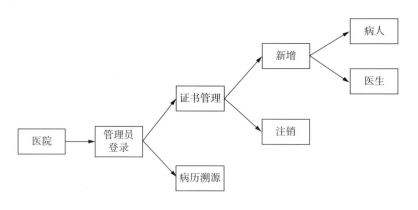

图 5-27 医院的功能流程图

② 医生

医院管理员添加证书之后，医生才能注册登录。医生可以查看、添加、修改病历。根据病人 ID 在区块链上搜索，如果记录存在且获得了病人的授权，便可以查看和添加病历。如果为病人添加了病历，此病人便会添加到医生所负责的病人列表当中。医生仅可以修改病人列表中的病历。医生的功能流程如图 5-28 所示。

③ 病人

医院管理员添加证书之后，病人才能注册登录。病人功能分为两块。一个是

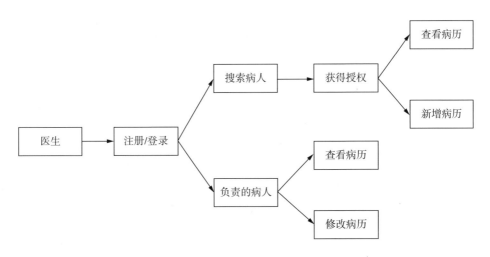

图 5 - 28　医生的功能流程图

查看自己的病历，一个是授权医生。医生所有和病历相关的操作都需要授权，权限可以随时添加和取消。病人的功能流程如图 5 - 29 所示。

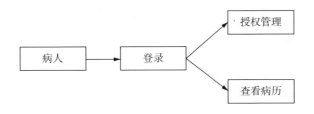

图 5 - 29　病人的功能流程图

④ 访问控制

没有账号的医生或者病人需要在管理员通过 CA 服务器创建证书之后注册账号，有账号的可以直接登录。登录之后，拥有证书的医生或者病人才能接入区块链网络当中，管理员可删除证书。医生或者病人访问系统的流程如图 5 - 30 所示。

(4) 链码设计

① 数据结构

链码即智能合约，是运行在区块链中的代码，通过 Peer 节点进行交互。链码中的数据是以键值对的形式存储。ID 即身份证号码作为键，唯一标识一个病人。值包括三个部分，权限列表、个人信息和具体病历。链码中病历信息数据结构如图 5 - 31 所示。

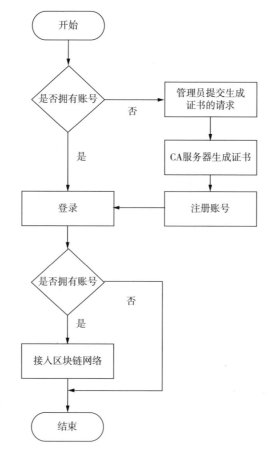

图 5-30 医生/病人访问系统的流程图

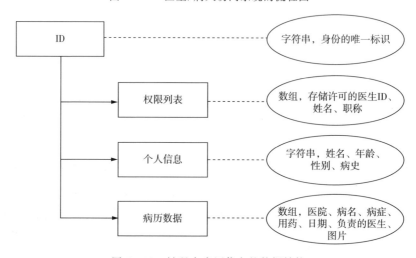

图 5-31 链码中病历信息的数据结构

② 智能合约内容

智能合约中的函数见表5-1所列。每个函数用于完成特定的任务或者实现特定的功能。

表5-1 智能合约中的函数表

函数名	描述信息	调用者
createAdmin	注册管理员	管理员
getHistory	病历溯源	管理员
deleteRecord	删除病历	管理员
loginAdmin	管理员登录	管理员
addUser	管理员添加用户	管理员
getAdmin	管理员查询用户	管理员
deleteUser	管理员删除用户	管理员
loginUser	用户登录	病人、医生
createPatient	注册病人	病人
getPatientInfo	查询病人信息	病人
getPatientRecord	查询病历	病人
writePrivate	修改信息	病人
addPermission	添加权限	病人
deletePermission	删除权限	病人
createDoctor	注册医生	医生
getDoctorInfo	查询医生信息	医生
getPatientList	查询病人列表	医生
addPatient	添加病人	医生
getRecordByDoctor	查询病历	医生
addMedicalRecord	添加病历	医生
updateMedicalRecord	修改病历	医生

微信小程序的用户分为管理员、医生和病人三大类。小程序对于管理员不提供注册接口，管理员的账号是通过 peer 节点手动输入命令行调用智能合约中的创建管理员的函数 createAdmin 生成的，调用该函数时实际传入了管理员的 ID、管理员的密码、管理员所在的医院三个参数，管理员再通过小程序提供的接口进行登录，登录时会调用 loginAdmin 函数。小程序为医生和病人提供了注册的接口，但是在注册之前必须获得管理员为其生成的证书。管理员为用户添加证书时需要调用 addUser 函数，调用该函数时接入了管理员的 ID 和用户字符串两个参数，当传入的管理员 ID 是在管理员的列表当中时，才能为病人或者医生生成相应的证书。管理员查看病人或者医生是通过调用 getAdmin 函数，病人或者医生证书的删除是通过调用 deleteUser 函数传入管理员 ID 和用户 ID 两个参数，证书删除之后，该病人或者医生就不能正常登录了。此外，管理员通过 getHistory 函数接入病人的 ID 进行病历溯源，通过 deleteRecord 函数删除病历。

等到管理员为病人或者医生建立了证书之后，医生通过调用 createDoctor 函数进行注册，病人是通过调用 createPatient 函数进行注册的。等到注册好之后，病人和医生都是通过 loginUser 函数进行登录。病人通过调用 getPatientInfo 函数和 getPatientRecord 函数查看自己的个人信息和病历信息。病人还可以通过调用 writePrivate 函数修改自己的信息。病人进行病历授权时是通过 addPermission 函数输入自己的 ID 和医生的字符串，授权时会检查所输入医生的 ID 是否存在以及真实身份是否是医生，如果满足这两个条件，则会检查所输入医生的 ID 是否在病人的授权列表当中，如果不在的话就添加到病人的授权列表中。病人通过调用 deletePermission 函数将医生的权限从病人的授权列表中删除。病人的病历可以授权给多个医生。

医生通过调用 getDoctorInfo 函数和 getPatientList 函数查看自己的个人信息和病人列表。医生添加病人时调用 addPatient 函数输入自己的 ID 和病人的字符串，先检查病人的 ID 是否在该医生的病人列表中，如果不在的话将病人的 ID 加入该医生的病人列表当中。通过 getRecordByDoctor 函数输入的病人 ID 和医生 ID，医生可以读取病人的病历信息，在读取的时候会检测病人的 ID 是否存在，如果存在的话再检测医生的 ID 是否在病人的授权列表中，如果在的话就会访问成功。此外，医生通过调用 addMedicalRecord 函数进行病人病历内容的添加，通过调用 updateMedicalRecord 函数进行病历的修改。

本项目智能合约部的代码可扫描右边的二维码获取。

5.4　本章小结

本章着重讲述了超级账本的相关知识，介绍了 Fabric 基本部署以及简单示例。最后介绍了一个基于 Hyperledger Fabric 框架的病历共享系统。通过这些介绍有助于读者更加直观地了解超级账本，同时也能对读者的继续学习提供帮助。

智能合约的代码

习　题

1. 比较 Hyperledger Fabric 的 0.6 架构和 1.0 架构有什么异同。

2. 多通道设计的出现对于 Fabric 而言有着什么样的意义？

3. HyperledgerFabric 1.0 的 Peer 节点可以充当哪些角色？发挥着哪些作用？

4. 基于 Solo 的排序服务和基于 Kafka 的排序服务各有什么特点？

5. 了解 docker 镜像、容器和仓库的概念以及他们之间有着怎样的关系。

6. Hypeledger 的正式项目 Indy、Iroha 和 Sawtooth 各使用了哪些共识算法？这些共识算法各有什么特点？

6 物联网中的区块链技术

6.1 概述

物联网（Internet of Things，简称 IoT）已经逐渐成为一种覆盖面广、架构稳定、功能多样的功能与服务网络。它主要由标识、感知、计算、通信、服务和语义等六个部分组成，其结构又可分为数据采集层（底层）、数据转发层（中层）和数据处理层（上层）。

标识，即物联网系统对底层参与感知的传感器等设备进行命名，为其分配一个唯一的识别标签。感知，是物联网从物理世界获取数据的过程，例如在森林中实时收集温度信息，在农业种植基地中采集 CO_2 浓度等。计算，包括数据采集层的数据感知设备对数据进行的预处理（如统一格式、加密）、数据转发层的中间节点对底层数据的操作（如融合、筛选、去重），以及数据处理层的数据中心（基站、控制中心、云服务器）对下面两层数据进行的计算操作（如计算统计值）。通信，保障了信息在物联网三层之间的正常流动，它规定了设备、中间节点和基站之间的通信标准和协议，比如无线 Wi-Fi、蓝牙和低速率无线个域网协议 IEEE 802.15.4 等。服务，是指物联网系统向其用户提供的服务，涵盖身份服务、信息融合服务、决策辅助服务和泛在服务。语义，包含两层含义，第一是数据中心对收集到的数据和用户请求的服务进行处理和分析后，获得的信息和知识；第二是数据中心对数据分布和服务趋势的预测。

典型的物联网具体应用场景包括众包、大数据交易、车联网、工业物联网、云存储和智能制造等。它们的网络结构大都采用三层结构，同时也包括只有底层和上层的两层结构。以车联网为例，底层的用户（司机、乘客和行人）向中层的路侧单元发送自己的数据和请求，路侧单元对本区域内收集到的数据进行处理后，发送给上层的云服务商，云服务商经过数据分析向用户返回相应的请求结果。

然而，传统的物联网系统和应用都采用集中式服务模型，不可避免地会遇到服务器单点即破和网络攻击等问题，严重地制约着物联网系统的进一步发展。随着区块链技术的兴起和发展，越来越多的物联网系统尝试将区块链技术应用到现有的系统架构当中，借助区块链透明、可验证和不可篡改的显著优势，弥补集中式服务模型的不足。

在设计和搭建物联网系统时，需要从多方面借鉴系统评价指标，比如可用性、可靠性、计算开销、通信代价、可扩展性、安全和隐私。每个评价指标都对系统设计和开发人员提出了不同的要求，为不同物联网系统之间的对比提供了可能。随着互联网技术的发展和物联网应用的不断普及，物联网系统正不断面临着各类安全威胁和隐私泄露问题，轻则数据库丢失部分数据，重则数据库瘫痪、系统终止运行。因此，安全和隐私是需要重点关注的评价指标。

本章将主要以上述物联网场景为例，介绍区块链在物联网中的具体应用。首先，阐述每个应用场景为何需要区块链的支撑；其次，对基于区块链的系统模型做简要介绍，简述各个组成部分的功能，并介绍系统的运行流程；最后，对每个应用进行总结，并分析该场景的不足与待完善之处。

需要指出的是，区块链的设计初衷源自比特币，其技术源头和架构与物联网最初没有交集，物联网的主旨是收集、传递、存储和分析数据，为用户提供服务；区块链的任务是保障点对点网络内的消息共识，形成一个节点公认的记账账本。因此，设计者在结合区块链与物联网系统时，必然会遇到系统结构不完全相同、系统功能不完全一致的问题。如何解决这些问题，顺利地将区块链有机地应用到物联网系统中，对于当前基于区块链的物联网系统设计是十分重要的。

6.2 众包系统中的区块链技术

众包（Crowdsourcing）系统旨在利用群体智能解决复杂问题。例如，一个远端的服务提供商建立一个众包平台，根据用户（requester）提交的问题，寻找提供答案的回答者（worker），并为用户返回相应的回答。然而，现有的大多数众包系统都依赖于一个集中式的服务器，因此受限于传统单点即破的瓶颈，也会遭到公共网络中的拒绝服务攻击（Denial of Service（DoS）Attack）。同时，众包系统的高额服务费也会制约其广泛的应用。

分布式众包也存在着两个关键问题，即数据泄露和身份暴露。回答者上传的众包数据（crowdsourced data）以及实体在参与众包过程中使用的真实身份，都会在公共区块链中面临泄露的风险。

根据以上背景，下面介绍基于区块链的众包方案 CrowdBC[①] 和基于区块链的众包方案 ZebraLancer[②]，重点阐释区块链在众包系统中的两种应用方法及其不足。

6.2.1　基于区块链的众包方案 CrowdBC

（1）引言

在过去的十几年中，众包服务已成为云计算体系下的热点服务之一。它凝聚了公众的实时信息以求解分布式的复杂问题，许多大公司都选择使用众包平台，上至产品设计，下至纪念品设计。知名的众包平台包括 Uber、Lyft 和 Amazon Mechanical Turk 等，它们都极大地改善了现代人的生活方式和质量。

众包系统通常包括三种实体：用户、工人和众包平台（platform），如图 6-1 所示。用户会遇到一些自己的实时问题，这些问题对于有些人而言更容易解决，所以人们希望借助大众的力量帮助自己回答这些问题。例如，某市上午 10 时某区域附近哪里有 95 号汽油，某学校附近哪里有提供彩色打印的商店，某小区住户的平均身高是多少等。回答者看见众包平台上的任务（task）后，提交自己的回答。众包平台在接收到的回答中进行筛选，选择部分回答返回给用户，并给予回答者相应的奖励（reward）。

然而，很难有一个系统是完美的，尽管众包系统给用户和工人带来了许多便

---

① M. Li, J. Weng, A. Yang, W. Lu, Y. Zhang, L. Hou, J.–N. Liu, Y. Xiang, and R. H. Den. CrowdBC: A Blockchain–Based Decentralized Framework for Crowdsourcing. IEEE Transactions on Parallel and Distributed Systems（TPDS），2019，30（6）：1251−1266.

② Y. Lu, Q. Tang, and G. Wang, ZebraLancer: Private and Anonymous Crowdsourcing System atop Open Blockchain. Proceedings of IEEE 38th International Conference on Distributed Computing Systems（ICDCS）2018：853−865.

利，但是其依旧受限于传统集中式服务模型的"瓶颈"制约，也在实际应用中遇到了诸多困难。传统的集中式服务模型易遭受拒绝服务攻击和远程劫持攻击，一旦攻击成功，系统就会陷入瘫痪状态；如果系统的数据库出现问题，那么所有的数据将面临无法使用的境地；集中式的模型存储了大量的用户信息，这些信息包含用户的敏感信息（例如姓名、住址和电话号码），因此导致用户面临着隐私泄露的风险；鉴于众包平台的公开属性，个别的工人为了谋取奖励，可能会提交错误的回答以降低自己的回答成本。

在目前已提出的众包系统中，有研究者从数据隐私、声誉机制、分布式架构等三方面解决了部分问题。但是，他们都还是基于传统的三角形架构，还没有同时解决所有的问题。而 CrowdBC 方案从上述问题出发，旨在建立一个可靠、公平、安全和低成本的众包平台。概括来说，CrowdBC 不需要借助任何集中式第三方来完成众包过程，为用户提供隐私保护功能，以分布式的方法加密存储工人的回答。每个用户和工人在参与众包过程前必须预存押金（deposit），以有效防御恶意攻击。用户只需要支付少量的交易费即可。CrowdBC 使用智能合约（smart contract）高效地执行众包的全部过程，包括任务发布、任务接收和奖励发放等。

（2）CrowdBC 方案

CrowdBC 使用了三层结构：应用层、区块链层和存储层。

应用层位于 CrowdBC 的最高层，也是用户和工人所在的层，包括三个模块：用户管理模块、任务管理模块和程序编译模块。应用层为用户提供了一个在客户端完成众包过程的操作界面，应用层帮助用户实现任务的发布，也帮助工人实现任务的查询和完成。

区块链层位于应用层和存储层之间，它用于确定哪些程序被加入新区块以及状态机的运行。在接收到应用层发送来的程序后，根据默认的共识机制产生新区块并写入区块链。状态机根据应用层传来的信息触发区块链层中的任务状态转变。

存储层位于 CrowdBC 的最底层，存储所有任务的描述和回答。每个回答的密文都是根据用户的公钥进行计算生成。每个数据项都有其持有者利用自己的私钥生成的签名，该签名被存放于区块链层中。当有用户需要对存储层中自己的数据进行校验时，他们使用区块链层中的哈希值和签名与重新计算的哈希值与签名进行比对即可。

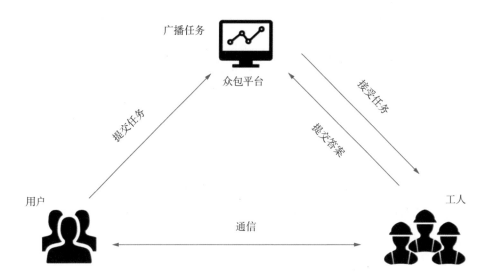

图 6-1　众包系统模型

（原图来自论文①，引用时有部分修改）

从技术难点来说，CrowdBC 主要解决两个问题。首先，CrowdBC 需要解决在利用区块链实现众包过程时，如何在分布式环境中保证用户与工人之间的公平性问题；其次，CrowdBC 需要解决在利用存储空间有限的区块链时，如何实现基于大规模数据的众包过程的问题。

（3）众包过程

用户与工人通过客户端进行注册，获得一对公钥与私钥，客户端将用户与工人的注册信息先后转换为程序和交易，以交易的形式发送至区块链；用户通过客户端向区块链中发布任务信息（包括对任务的描述、公钥和对工人资格的要求）和预存押金；工人通过客户端接收任务信息，预存押金，使用用户的公钥加密自己的回答并发送至区块链；最后，根据一个质量评估函数对工人的回答进行评估，根据共识机制创建新区块，用户获得工人的回答，每个工人根据评估结果自动获得相应的奖励。

---

① 　M. Li, J. Weng, A. Yang, W. Lu, Y. Zhang, L. Hou, J.—N. Liu, Y. Xiang, and R. H. Den. CrowdBC: A Blockchain—Based Decentralized Framework for Crowdsourcing. IEEE Transactions on Parallel and Distributed Systems (TPDS)，2019，30（6）：1251－1266.

（4）小结

CrowdBC 是一种集成了多个安全与效率目标的基于区块链的众包系统。它摆脱了传统众包系统的若干瓶颈，也巧妙地利用分工协作的智能合约解释复杂的众包过程。然而，CrowdBC 缺乏精准的隐私保护和细粒度的访问控制。例如，如何对用户和工人的位置与数据内容进行保护，如何在用户和工人出现恶意行为后对其任务发布与选择进行控制等。

6.2.2　基于区块链的众包方案 ZebraLancer

（1）引言

传统的众包系统往往依赖一个可信第三方（trusted third - party）来协助用户和工人完成众包过程，并实现众包数据与奖励之间的公平换算。如果没有一个公平的激励环境，各类攻击泛滥（例如恶意工人提供低质量的回答，恶意的用户拒绝支付奖励等），那么用户和工人的参与积极性就会大打折扣。

鉴于可信第三方在信任和可靠性等方面的诸多"瓶颈"，例如内部工作人员为了牟利而窃取或篡改数据库中的用户信息，集中式的管理模式会面临大规模数据瘫痪或泄露的困境。

区块链是一种分布式、透明、不可篡改和公开的账本，由一个个区块串联而成。其透明的属性决定了区块链中的所有数据都要经由公开的信道传输，而大部分工人上传的众包数据涉及数据持有者的私密信息，或者对于用户而言极其敏感。更有甚者，恶意的工人会利用区块确认时间的系统设定，而将公开的其他工人的数据作为自己的数据进行上传。另外，透明的属性还会揭露所有用户和工人的参与记录，使得区块链存在泄露他们隐私的可能。

基于以上问题，ZebraLancer 方案从问题本质出发，旨在解决两个根本冲突：区块链透明属性与数据机密性之间的冲突，以及匿名性与问责制度之间的冲突。概括来说，ZebraLancer 是一种隐私保护的分布式众包系统，为众包过程设计了一系列激励机制，实现了工人奖励的公平发放，也在可问责的前提下保护了数据机密性和用户/工人的匿名性。

（2）ZebraLancer 方案

ZebraLancer 是一个分布式众包系统，构造于现有的区块链之上，面对新的安全威胁（free - riders 和 false - reports）设计了新的安全保护机制，可以在不泄露数据或实体身份的前提下，利用智能合约完成众包数据与奖励之间的公平换算。ZebraLancer 的系统模型如图 6-2 所示。

图 6-2　ZebraLancer 系统模型

（原图来自论文①，引用时有部分修改）

① 基于共同前缀的可链接匿名认证

ZebraLancer 基于证书（certificate）机制提出了一种新的匿名认证算法，即基于共同前缀的可链接匿名认证。初始化函数生成主公钥和主私钥，证书生成函数生成一个认可输入公钥的证书，认证函数生成一个证书的发送者持有该证书对应的私钥的声明，验证函数判断一个声明是否正确，链接函数判断两个消息是否生成于一个证书。这里，证书是密码学中的概念，它的作用是将公钥绑定至公钥对应的持有者，让证书的验证者承认公钥的合法性。

② 众包过程

首先，用户和工人通过一个注册机构（Registration Authority，RA）生成一对公私钥，提交自己的真实身份和公钥进行注册，获得证书。

其次，每个用户生成一个新的区块链地址和一对新的公私钥，生成自己的任务（包括加密密钥、所需答案的个数、任务截止时间、奖励总额、奖励规则

---

① Y. Lu, Q. Tang, and G. Wang, ZebraLancer: Private and Anonymous Crowdsourcing System atop Open Blockchain. Proceedings of IEEE 38th International Conference on Distributed Computing Systems (ICDCS) 2018: 853-865.

Auth 函数的前缀等），将任务写入一个智能合约后进行编译，将编译后的智能合约和押金以交易的形式发送至区块链。

再次，工人看见区块链中智能合约里的任务后，验证智能合约的合法性，利用智能合约中的加密密钥加密自己的答案，再使用 Auth（认证）函数生成一个前缀，将密文和前缀发送给智能合约。智能合约使用 Verify（验证）函数匿名认证收集到的答案密文，使用 Link（连接）函数判断该密文是否和先前收集到的密文可以链接起来。

最后，用户在其智能合约收集到预期数量的答案密文后，使用私钥对它们解密并获得答案，根据答案的质量为其对应的工人分配奖励，使用私钥生成一个表明自己根据奖励规则分配奖励的证明，将奖励分配情况和证明以交易的形式发送给区块链；接收到奖励分配情况和证明的智能合约验证证明的有效性，最终将对应的奖励发送至每个工人。

（3）小结

ZebraLancer 实现了无信任中心环境下的众包数据与奖励之间的公平换算，也解决了两个冲突，即区块链透明属性与数据机密性之间的冲突，以及匿名性与问责制度之间的冲突。与此同时，ZebraLancer 还提出了一种新型的匿名认证方式，在不泄露实体真实身份的情况下对其身份进行认证，而且能够检测到恶意工人针对同一任务提交多次答案的非法行为。然而，激励机制对于一个成功的众包系统至关重要，如果没有恰当的激励措施，将没有用户或工人参与众包的过程，而 ZebraLancer 未能对其激励机制做充分的说明。现有的研究都需要依赖于一个注册机构，能否移除注册机构也是一个非常有意义的研究课题。

6.3　大数据交易中的区块链技术

在大数据时代，日异月新的技术和应用催生了呈爆炸式增长的数据，这些数据涉及我们工作和生活的各个方面。大数据交易市场为用户提供了数据交易和共享的平台。然而，对于大数据交易平台而言，数据的可用性关系到平台的可持续运行，数据提供者的身份隐私十分重要，数据提供者和数据使用者之间的公平交易更是重中之重。

数据是数字经济的关键要素，推动了众多新型的大数据交易与分析平台，以区块链为基础的大数据交易与分析平台就是其中的一种。然而，现有的交易与分析平台由于部分卖家和中间商的恶意行为而存在着不足，急需对数据提供者的数据进行保护，在部分情况下只为数据使用者提供数据分析的结果。

据此，本节主要介绍基于区块链的大数据交易方案 BFDT[①] 和基于区块链的大数据交易与分析方案 SDTE[②]，分析区块链在大数据交易系统中的两种应用方法及其不足。

6.3.1　基于区块链的大数据交易方案 BFDT

（1）引言

现代生活的各个角落，例如社交网络 Facebook、网购商城 Taobao、即时通信工具微信等网站和工具，都在不间断地产生着数以亿计的大数据。大数据的出现，为诸多公司和机构在数据分析、理性决策、市场预测和服务提升等方面都提供了便利。

在大数据时代，大数据交易也成了流行的服务之一。大数据交易模型一般包括数据提供者（Data owner）、数据使用者（Data consumer）和大数据平台（Big data market）。数据提供者通过向大数据平台分享自己数据的方式获得一定的报酬；数据使用者根据自己的数据需求，将所需数据的描述提交给大数据平台；大数据平台根据数据使用者的描述搜寻匹配的数据，最终数据使用者与数据提供者完成支付过程。

和众多平台一样，大数据平台在运行的过程中也会遇到各类问题。例如，数据提供者往往会对自己的数据进行加密处理，密文的存在使得大数据平台无法直接评估数据的可用性（availability）；其次，数据提供者的数据可能会涉及数据提供者的隐私（实时位置、兴趣爱好等），所以数据提供者不希望自己的真实身份在大数据交易中被泄露给数据使用者；再者，大数据平台毕竟不是完全可信的平台，如何保证大数据交易的公平性，即数据提供者获得应有的报酬以及数据使用者获得购买的数据，是一个值得研究的问题。

基于以上问题，BFDT 方案旨在建立一个基于区块链的可靠的、保护隐私的

---

①　Y. Zhao, Y. Yu, Y. Li, G. Han, and X. Du, Machine learning based privacy−preserving fair data trading in big data market. Information Sciences，2019，478：449−460.

②　W. Dai, C. Dai, K.−K. R. Choo, C. Cui, D. Zou, and H. Jin. SDTE：A Secure Blockchain−Based Data Trading Ecosystem. IEEE Transactions on Information Forensics and Security（TIFS），2020，15，725−737.

和公平的大数据交易系统，分别借助相似度学习（similarity learning）技术、环签名（ring signatures）技术和双重认证（double authentication）技术实现上述三个目标。

（2）BFDT 方案

BFDT 系统模型由数据提供者、数据使用者、大数据交易平台管理员（manager）和区块链网络组成，如图 6-3 所示。

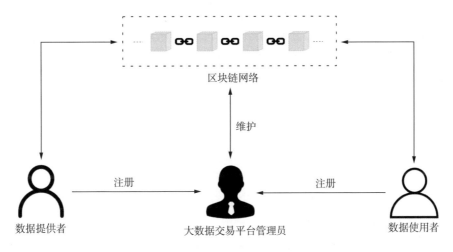

图 6-3　BFDT 系统模型

（原图来自论文①，引用时有部分修改）

具体来说，大数据交易平台管理员初始化整体系统，包括生成系统参数和选择系统底层的算法和函数。数据提供者生成公私钥对，用真实身份和公钥向管理员注册，向区块链网络中发布自己的兴趣列表和环签名（环签名是一种签名方案，面向一个由 n 个用户组成的群，提供签名的不可伪造性和签名者的无条件匿名性），并预存一部分押金。数据使用者在看见区块链上的兴趣列表后，向区块链中提交自己的需求。管理员记录每个注册实体的真实身份和公钥。

数据提供者在区块链上得知自己的数据被请求时，生成临时的对称加密密钥，用对称加密算法加密自己的数据，用公钥加密对称加密中使用的私钥，并将数据密文和密钥密文 $\{c_1, c_2, \cdots, c_n\}$ 发送给发出请求的数据使用者。其中，

① Y. Zhao，Y. Yu，Y. Li，G. Han，and X. Du，Machine learning based privacy－preserving fair data trading in big data market. Information Sciences，2019，478：449－460.

$c_j = \{SEnc (k_j, m_j), AEnc (pk_2, k_j)\}$，SEnc 是对称加密算法，AEnc 是非对称加密算法。

数据使用者在收到数据密文和密钥密文后，随机选择密文的一个子集$\{c_j\}$，返回给数据提供者作为挑战。数据提供者向数据使用者返回对应的数据明文和对称加密密钥。数据使用者重新计算数据密文和密钥密文，与之前接收到的密文进行比对。如果两者相同，则数据使用者根据相似度学习技术计算数据提供者的数据与自己所需数据之间的距离，再根据计算结果决定是否购买该数据提供者的数据。

在数据使用者决定购买数据提供者的数据后，数据提供者使用自己的私钥对加密数据生成一个签名，用数据使用者的公钥加密该签名，发送签名密文给数据使用者。

数据使用者解密签名密文后验证该签名的正确性，在验证通过后向区块链中的智能合约发送一笔支付交易。数据提供者再使用自己的私钥对加密数据生成一个签名，向区块链中的智能合约发送一笔转移交易，将支付交易中的金额转给数据提供者。数据使用者利用这两个签名提取出用于加密数据的对称加密密钥，解密数据密文获得数据明文。数据提供者获得上述支付交易中的金额，取回自己的押金。

如果密文解密失败，则数据使用者向管理员汇报该情况，管理员恢复出对应数据提供者的真实身份，将数据提供者的押金和支付交易中的金额转移给数据使用者。

（3）小结

BFDT 实现了大数据交易平台中的公平交易，保障了数据提供者的匿名性。然而 BFDT 在进行数据交易时，数据提供者需要在验证步骤中发送部分数据的明文以及对称加密密钥，这种做法虽然能为数据使用者的购买提供参考，但是破坏了数据机密性。另外，数据使用者在向管理员汇报无法解密的情况时，BFDT 没有给出管理员如何验证该情况是否属实的方法。如果恶意的数据使用者都向管理员无理汇报虚假信息，那么这样的攻击也会增加管理员的计算负担。

6.3.2 基于区块链的大数据交易与分析方案 SDTE

（1）引言

在大数据时代，及时高效的大数据处理能力对于社会多个行业都是十分重要的。例如，工业企业根据其下属工厂长期运行而产生的电量数据分析耗电情况并优化系统,移动商城根据用户长期的移动应用安装情况分析用户的喜好和下载趋势等。大数据交易平台,作为数据共享的中间商,极大地促进了大数据分析的应用和发展。

然而,在现有的大数据交易过程中,数据使用者都会获得所有数据提供者的数据,而在部分时候,数据使用者只需要获得数据的分析或统计结果,没有必要下载全部数据。例如,现在有一个数据使用者需要得知一个地区内所有居民的平均年龄,那么他只需要知道数据提供者的年龄数据库中年龄字段的平均值即可,大可不必买下所有包含年龄字段的数据。

基于以上问题,SDTE旨在建立一个基于区块链的大数据交易与分析方案,数据使用者在购买数据的同时,只获得数据提供者的数据分析结果,而不是整个数据库。因此,如何让大数据交易与分析平台提供安全的大数据处理过程,就是一个技术难点。概括来说,SDTE使用了Intel公司的软件保护扩展(Software Guard Extensions,SGX)技术来保障数据处理过程的安全性、源数据的安全性和数据分析结果的机密性。SGX从本质上说是一组CPU指令,数据持有者或数据管理员使用SGX来隔离程序代码和数据的特定可信区域。SDTE底层的区块链保证了SDTE与传统的大数据交易平台相比,更加透明和难以被篡改。

(2) 方案

SDTE的系统模型由数据买家、数据卖家和区块链节点组成,如图6-4所示。

SDTE主要包含四个部分:合约信息存储合约、数据买家需求广播合约、数据交易与分析管理合约以及可信节点。

合约信息存储合约由合约信息存储构件和合约信息查询构件组成。合约信息存储构件存储数据卖家的信息和数据买家对数据卖家的评论,合约信息查询构件为数据买家选择匹配的数据卖家。

数据买家需求广播合约由需求广播模块和收费模块组成。需求广播模块接收和广播数据买家的需求,收费模块向数据买家收取一定的费用,通过增加攻击成本的方式预防由数据买家发起的拒绝服务攻击。

数据交易与分析管理合约由信息记录构件、押金预存构件、信息请求模块、数据分析模块和奖励模块组成。信息记录构件记录存储数据买家和可信节点的信息,押金预存构件向数据买家发出预存一定押金的指令,信息请求模块为数据买家和可信节点验证奖励,数据分析模块分析确定最终的分析结果,奖励模块根据分析结果将数据买家的押金发送至相应的数据卖家和可信节点的地址。

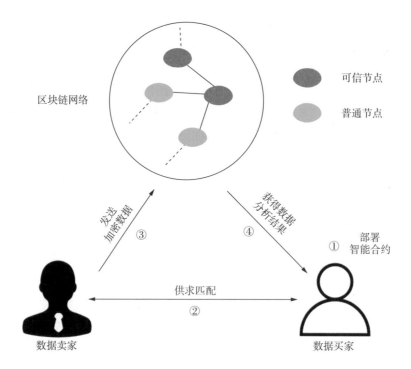

图 6 - 4　SDTE 系统模型

（原图来自论文①，引用时有部分修改）

　　可信节点由 SGX 远程证明构件、数据封装与解封构件、密码学操作构件、以太坊虚拟机、输出收费构件和结果签名构件组成。它们分别用于认证区块链节点的 SGX 运行环境和建立安全数据传输信道、在外部存储数据和读取外部的数据、解密数据卖家提供的加密数据和给买家的数据分析结果、根据数据买家的数据分析合约处理数据卖家的数据、根据以太坊输出的尺寸收取费用和对数据分析结果签名。这里，SGX 以硬件安全为基础性保护，在内存中分配一个特殊区域（Enclave Page Cache），即一个安全的数据处理环境，将敏感数据（加密密钥、用户数据）和加密算法封装在此"小黑匣"中，使得他人无法获得数据，保障了数据隐私。

　　数据买家广播数据需求、地址、数据分析智能合约地址以寻找合适的数据卖

　　① W. Dai, C. Dai, K. —K. R. Choo, C. Cui, D. Zou, and H. Jin. SDTE: A Secure Blockchain—Based Data Trading Ecosystem. IEEE Transactions on Information Forensics and Security (TIFS)，2020，15，725－737.

家，发送对称加密密钥K_b给可信节点。数据卖家向数据买家进行响应，数据买家调用合约信息存储合约查询该数据卖家的信息，选择相应的数据卖家。数据卖家发送对称解密密钥K_s给可信节点，满足条件的若干个可信节点执行数据分析智能合约：读取数据卖家的加密数据，利用K_s解密数据卖家的加密数据得到原始数据，分析数据得到分析结果，利用K_b加密分析结果，利用自己的私钥对结果进行签名，发送密文和签名给数据买家。数据买家根据数据交易与分析管理合约对结果进行验证和评估，将验证和评估结果写入合约信息存储合约。

（3）小结

SDTE 实现了大数据交易平台中的数据分析功能，与现有大数据交易平台不同的是，SDTE 中的数据买家购买的是数据分析的结果，而不是全部数据。SDTE 还借助了 SGX 硬件技术保障智能合约中对数据分析的环境，防止原始数据和数据分析结果的外泄。然而 SDTE 数据买家无法对智能合约的数据分析结果进行验证，为智能合约与数据卖家的合谋攻击提供了可能。另外，当智能合约分析的数据量过大时，系统需要考虑智能合约处理时间给数据买家带来的延迟。

6.4 车联网中的区块链技术

车联网中的广告分发服务（Commercial advertisement dissemination services）帮助广告商在用户享受车联网各种服务的同时，向用户实时推送一些相关产品。然而，广告分发服务也会遇到隐私和安全问题。例如，用户的隐私可能被泄露，以及恶意的用户可能发送合谋攻击而不转发广告等。

车联网中的网约车服务（ride‐hailing services）正风靡全球，网约车乘客可以使用智能手机上的 App 约到附近的网约车，获得便捷的约车服务。然而，各个网约车平台目前都是独立运行的，必然会造成数据孤岛的困境，降低了用户的服务体验。如果他们相互合作，则存在着数据如何管理的问题。

本节主要介绍基于区块链的公平与匿名车联网广告投放方案 BFFAD[①] 和基

---

① M. Li, J. Weng, A. Yang, J. N. Liu, and X. Lin. Toward Blockchain‐Based Fair and Anonymous Ad Dissemination in Vehicular Networks. IEEE Transactions on Vehicular Technology (TVT)，2019，68（11）：11248‐11259.

于区块链的隐私保护的车联网联盟约车方案 CoRide①，重点阐述区块链在车联网中的两种应用方法及其不足。

6.4.1 基于区块链的公平与匿名车联网广告分发方案 BFAAD

（1）引言

车联网随着车到车（V2V）通信技术、车到路面设施（V2I）技术、车到万物（V2X）技术的发展而日趋成熟，车联网中的许多服务，比如实时交通监测、实时导航、停车位查找、代客泊车、电量交易、广告发放和网约车等，都给车联网用户带来了极大便利，也提升了司机用户的驾驶体验。与此同时，边缘计算、人工智能和区块链等技术的崛起，更会促进车联网的发展，催生更多服务于车联网用户的智能、高效和安全的服务。

在车联网广告分发服务中，广告商通过路侧单元（Road – Side Unit，RSU）向周边的用户（主要指司机以及车内的其他用户）分发广告。通过车联网广告分发服务，广告商可以在车联网范围内宣传和推销自己的产品，比如宣传加油站的优惠活动，标明汽车旅馆的位置以方便司机休息，推送汽车维修店的位置以方便遇到汽车故障的司机及时解决问题。车联网用户可以从接收到的广告中及时得知自己感兴趣的商品，并制定购买计划。

然而，广告分发服务系统也会在实际运行中遇到问题。首先，用户在转发广告时会附上自己的身份信息和位置信息，分别用于之后获得广告转发费和表明某些广告的地理适用范围。但是，用户也会担心自己的身份或位置是否会泄露给他人。其次，如果没有合适的激励机制，那么在转发广告时消耗存储和通信资源的用户则不太情愿转发广告。特别是一些恶意的用户在转发广告时，可能会欺骗广告商而不转发真正的广告，即 Free – riding（搭便车）攻击，这就损害了广告商的利益。最后，现有的方案依旧基于集中式的服务模型，其弊端不言而喻。

基于以上问题，BFAAD 旨在建立一个基于区块链的隐私保护和公平的车联网广告分发方案，即设计一种可抵抗多种攻击并保护用户隐私和奖励公平性的安全广告分发方案。概括来说，BFAAD 提出一种基于区块链的分布式车联网广告分发架构，基于 Merkle 哈希树和智能合约设计了一种广告接收证明（Proof – of

---

① M. Li, L. Zhu, and X. Lin. CoRide：A Privacy – Preserving Collaborative – Ride Hailing Service Using Blockchain – Assisted Vehicular Fog Computing. Proceedings of the 15th EAI International Conference on Security and Privacy in Communication Networks（SecureComm）2019：408 – 422.

- ad - receiving，PoAR）协议，用于抵抗 Free - riding 攻击。

（2）方案

BFAAD 的系统模型由车、广告商、路侧单元和注册机构组成，如图 6 - 5 所示。

从技术难点来说，BFAAD 要解决两个问题。首先，BFAAD 需要解决在利用区块链实现车联网广告分发过程时，如何保证车与广告商之间的公平性问题；其次，BFAAD 需要解决在保护车的匿名性时，如何借助区块链抵御 double - claim 攻击的问题。

在系统初始化阶段，注册机构生成公共参数，包括双线性群、哈希函数和主公私钥对。车的司机向注册机构注册：生成两个随机数 a，b 及其零知识证明 $\pi =$ ZKPoK $\{(a, b) \mid \theta = g^a Z^b\}$，将该证明和自己的真实身份发送给注册机构，在注册机构对 π 验证通过后获得一个注册机构的签名 σ，将自己的私钥设置为（a，b，σ）。广告商也向注册机构注册：生成一对公私钥，将公钥和真实身份发送给注册机构，获得一个唯一的证书。

在广告分发阶段，广告商将每则广告切分成 L 个片段，根据 Merkle 哈希树算法计算广告的根节点，向区块链中广播广告的摘要信息，包括根节点、随机数 R、时间节点和广告转发费。广告商再选择一个路边节点、时间节点、签名和公钥，进行广播广告。

在广告转发阶段，路侧单元无线信号覆盖范围内的车会接收到该路侧单元的广告广播，准备转发该广告的车根据（a，b，σ）生成一个临时的匿名证书 A，生成一个广播消息 BM 和一个零知识证明 π_{BM}，将 A、BM、π_{BM} 和一笔押金发送至区块链。接收到 BM 的车，根据自己的私钥生成一个响应消息 RM 和一个零知识证明 π_{RM}，将匿名证书、RM 和 π_{RM} 发送至区块链。

在广告转发费支付阶段，转发了广告的车在其 BM 上链接一段时间后，根据最新的 R 个区块、自己的区块链地址和 L 生成一个列表，再根据此列表定位到广告的 R 个片段，发送这 R 个片段和其 Merkle 路径至区块链，部署在路侧单元上的智能合约自动验证收到匿名证书和片段，并在验证通过后将相应的广告转发费发送至各个车的区块链地址。

（3）小结

BFAAD 建立了一种隐私保护与公平的车联网广告分发模式，可以在保护用户隐私的前提下，阻止恶意用户和恶意广告商的攻击。然而 BFAAD 依旧依赖于一个中心化的注册机构，用户的真实身份可以被注册机构恢复出来，没有实现完全匿名。但是在现有的安全与隐私假设下，条件隐私保护是一种实用的方法，也适用于需要一定监管力度的场景和应用。另外，BFAAD 没有对转发的贡献进行细化，司机所获得的广告转发费的多少应当与其转发的贡献度相当。

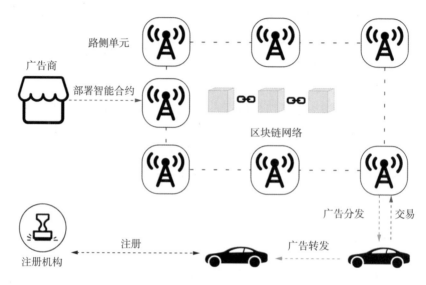

图 6-5　BFAAD 系统模型

（原图来自论文①，引用时有部分修改）

6.4.2　基于区块链的隐私保护的联盟约车方案 CoRide

（1）引言

网约车服务已成为当今全球瞩目的车联网服务形式之一。它是一种有效缓解城市交通拥堵的服务，相较于其他车联网服务而言，它的普及性更高。在网约车服务中，乘客将自己的当前位置、目的地发送给网约车服务平台；网约车服务平台向服务区域内广播乘客的约车请求；司机向网约车服务平台发出响应；网约车服务平台从乘客当前位置附近响应的司机中选出匹配的司机，并将信息返回给相应的乘客；最后，乘客与司机协商上车地点并开始行程。

网约车服务有许多正面和积极的社会效益。它可以提供便捷的出行服务和节

---

① M. Li, J. Weng, A. Yang, J.－N. Liu, and X. Lin. Toward Blockchain－Based Fair and Anonymous Ad Dissemination in Vehicular Networks. IEEE Transactions on Vehicular Technology (TVT), 2019, 68 (11): 11248－11259.

约等车时间，减少在路面行驶的汽车数量，缓解交通拥堵，减少汽车的尾气排放总量和降低引擎噪音。目前市面上流行的网约车服务公司包括中国的滴滴出行、曹操出行、首汽约车，美国的 Uber、Lyft，欧洲的 Taxify 和印度的 Ola 等。

然而，现有的网约车平台都是独立运行的，也就意味着他们的数据库只拥有约车区域内（以城市为例）的部分乘客信息和部分司机信息，最终都会面临数据孤岛的问题，即单个网约车平台无法满足该平台内乘客对司机的需求。这个问题导致的后果就是乘客无法约到车，服务体验感下降。在该问题出现时，如果任意两家网约车平台能够临时共享彼此的用户数据，形成联盟约车的合作，那么对于乘客、司机和两家网约车平台而言，都是大有裨益的。

与此同时，如果各家网约车平台开展合作，则如何进行隐私保护以及共享数据管理也是需要考虑的。隐私不仅指的是乘客和司机的隐私，假设只有一家平台管理共享数据，很可能该平台的管理者会篡改乘客与司机的匹配结果，以谋求最大利益。

基于以上问题，CoRide 方案旨在建立一个基于区块链的隐私保护的联盟网约车方案，通过搭建一个联盟区块链对网约车共享合作的数据进行记录，消除现有网约车平台对系统运行后可信第三方的依赖，借助匿名认证技术对用户的真实身份进行条件隐私保护，使用 Zerocash 匿名货币实现乘客与司机之间的车费记录。

（2）CoRide 方案

CoRide 的系统模型由乘客、司机、路侧单元、可信机构和网约车平台组成，如图 6-6 所示。

在系统初始化阶段，可信机构生成乘法循环群、哈希函数、签名算法、非对称加密算法、对称加密算法、私钥 (a, b) 和公钥 (g_1^a, g_2^b, g_1^b)，使用秘密共享技术将 (a, b) 划分为若干个秘密共享 $\{ss_i\}$，秘密共享的个数为网约车平台的总数。所有网约车平台一起将网约车服务区域划分为一个个网格，订立联盟约车下的统一匹配方法，即隐私保护的范围查询技术。

在实体注册阶段，各个网约车平台向注册机构注册获得公私钥对。每个乘客用自己的真实身份 ID 向注册机构注册，获得私钥 sk、匿名密钥 ak 和用各个网约车平台公钥对 ID‖sk 的多重加密（即按照固定的网约车平台顺序依次对 ID‖sk 加密）密文 C，再使用 ak 和 C 向自己所属的网约车平台进行注册，购买一定的匿名货币。司机也向注册机构和网约车平台注册。

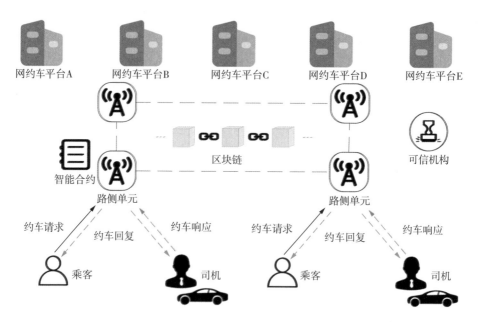

图 6-6　CoRide 系统模型

（原图来自论文①，引用时有部分修改）

在约车请求阶段，乘客首先通过路侧单元向区块链中预存押金（方式有很多种，比如 CoRide 选用的 Zerocash），根据自己的当前位置、目的地和对司机条件（比如驾龄、乘客评价、车型、车龄等）的要求，生成自己的约车请求发送给路侧单元。其中，为了阻止司机发动的错误位置攻击，乘客需要收集当前位置附近的无线信号，并嵌入自己的临时公钥。

在约车响应阶段，路侧单元广播乘客的约车请求，司机以同样的方式首先收集无线信号，尝试恢复乘客的临时公钥，根据当前位置、目的地和条件生成约车响应，发送给路侧单元。

在用户匹配阶段，路侧单元中的智能合约自动根据约车请求和约车响应进行匹配，将匹配成功的乘客和司机信息返回给对应的司机和乘客。乘客和司机协商成功后，向区块链发送约车记录，开始行程。在抵达目的地后，乘客向司机支付车费，向区块链发送支付交易，取回剩余的押金。

---

① M. Li, L. Zhu, and X. Lin. CoRide：A Privacy－Preserving Collaborative－Ride Hailing Service Using Blockchain－Assisted Vehicular Fog Computing. Proceedings of the 15th EAI International Conference on Security and Privacy in Communication Networks（SecureComm）2019：408－422.

在目标用户身份恢复阶段，所有的网约车平台根据用户的匿名证书和数据库中的多重加密密文恢复出有恶意行为的用户的真实身份。

（3）小结

CoRide 实现了一种基于区块链的联盟网约车方案，不同于现有的网约车方案，它不依赖于一个在线的可信第三方，更考虑到了网约车的各个环节，包括注册、请求、响应、匹配、支付、用户管理和隐私保护。然而，所有网约车平台共同恢复目标用户的方法，在它们合谋的情况下也增加了用户身份泄露的可能。现有的基于区块链的网约车系统大多基于私有区块链或联盟区块链，如何设计基于公有区块链的网约车系统也是该场景下值得研究的课题之一。

6.5 工业物联网中的区块链技术

工业物联网（Industrial Internet of Things，IIoT）将工业系统中的各个环节有机地连接起来，提升了系统运行效率和用户的服务体验感，为零售业带来了焕然一新的局面。零售业中的声誉评价系统作为工业实体参与零售业（Retail Industry）活动的强心剂，有着十分重要的作用。然而，用户在评价后担心自己的身份泄露，以及是否会被零售商溯源。

工业物联网中电量交易是常见的工业服务之一。它为众多工业系统提供了重要的电力支持，也为广大居民提供了灵活交易电量的途径，更是工业 4.0 的关键环节。然而，现有的电量交易方案虽然有借助区块链技术保障交易过程的透明性，但是大多未考虑电量出售方的恶意行为，增加了电量购买方的经济风险。

根据以上背景，本章主要介绍基于区块链的工业物联网声誉评价方案 ARS-PS[①] 和基于区块链的工业物联网安全电量交易 FeneChain[②]，重点阐明区块链在工业物联网中的两种应用方法及其不足。

---

① M. Li，D. Hu，C. Lai，M. Conti，and Z. Zhang. Blockchain - enabled Secure Energy Trading with Verifiable Fairness in Industrial Internet of Things. IEEE Transactions on Industrial Informatics（TII），2020，PP（99）：1 - 11.

② D. Liu，A. Alahmadi，J. Ni，X. Lin，and S. Shen. Anonymous Reputation System for IIoT - enabled Retail Marketing atop PoS Blockchain. IEEE Transactions on Industrial Informatics，2019，PP（99）：1 - 11.

6.5.1 基于区块链的工业物联网声誉评价方案 ARS - PS

(1) 引言

工业物联网作为新兴的工业网络，智能地集结了运输、控制和监测等工业过程为一体。零售业也可借助工业物联网来提升自身的运行效率和降低维护成本，在大数据和云计算的协助下，工业物联网为零售业在经济全球化和用户需求多元化背景下的应用和发展注入了新的活力。

在零售业的声誉评价系统中，用户可以在商业活动结束后给对应的零售商（Retailer）一个评价或反馈。零售商的声誉值随着其接收到的评价而变化。用户的评价对于零售商而言至关重要，好的评价和高的声誉值会使得零售商在商业竞争中脱颖而出，使其在合作伙伴和客户心中树立起正面形象，增强合作信心。

然而，评价系统的应用也不是一帆风顺的。从用户的角度来说，他们留下的评论中很可能包含一些与自己相关的敏感信息，比如家庭住址、工作单位、购买偏好等。负面的评价很可能会招致零售商的恶意报复，比如零售商从用户的评价中找出用户的地址或手机号，对其进行骚扰。对评价系统而言，现有的大部分系统都基于集中式的服务模型，对用户的评价进行集中管理，难以保证用户的评论被真实地发布出来。从安全攻击的角度来说，评价系统还会遭受自私评价和女巫（Sybil）攻击等威胁，对评价系统的公平性造成了冲击。所以，透明性对于一个能够长期正常运行的评价系统而言是十分重要的。

基于以上问题，ARS - PS 方案旨在建立一个基于区块链的匿名评价系统，保证用户对零售商的评价过程公开透明，并且能够提供用户的匿名性。概括来说，ARS - PS 利用基于随机签名的匿名认证技术验证和保护用户在评价过程中的真实身份；在收集用户评论时，ARS - PS 先使用基于零知识证明的范围证明技术，保证用户提交的评价位于合法的范围内，再使用聚合（Aggregate）技术，保证了零售商只能获得评价的统计结果，而不能获得单个用户的评价值；ARS - PS 搭建了一个基于权益证明（Proof - of - Stake，PoS）的区块链。

(2) 方案

ARS - PS 的系统模型由用户、零售商和身份管理机构组成，如图 6 - 7 所示。用户从零售商处购买商品，获得一个评价令牌，用评价令牌生成一个评价交易，完成给零售商的评价。评价令牌的作用是保障用户在一次交易后只能对零售商做一次评价。原始评价的范围是 n 到 $n+k$，具体由应用而定。零售商售卖商品给用户，接收用户的评论，其声誉由评论计算而得。身份管理机构是一个可信机构，用于初始化评价系统，供用户与零售商注册使用。

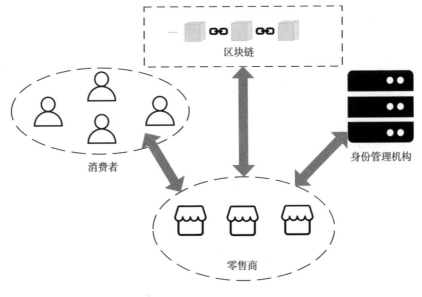

图 6 - 7　ARS - PS 系统模型

（原图来自论文①，引用时有部分修改）

在系统初始化阶段，身份管理机构生成评价系统的公共参数和私钥，为用户与零售商的注册做准备。

在用户注册阶段，用户使用自己的真实身份向注册机构注册，注册机构根据基于随机签名的匿名认证技术生成一个匿名证书，将匿名证书返回给用户，并存储用户的身份信息。

在零售商注册阶段，零售商生成自己的公私钥对，使用真实身份和公钥向注册机构注册，注册机构存储零售商的信息。

在交易与评价令牌生成阶段，用户从零售商处购买商品，并以加密货币向零售商付款。随后，用户从零售商处获得一个评价令牌。

在匿名评价生成和验证阶段，持有评价令牌的用户准备对零售商进行评价。

---

① M. Li, D. Hu, C. Lai, M. Conti, and Z. Zhang. Blockchain—enabled Secure Energy Trading with Verifiable Fairness in Industrial Internet of Things. IEEE Transactions on Industrial Informatics (TII), 2020, PP (99): 1 - 11.

身份管理机构首先选择一些零售商作为证人，用户使用评价令牌和匿名证书生成一个评价交易，发送给这些证人。上述评价交易包括一个用所有证人的公钥加密原始评价的密文、证明评价范围合法的证明和一个证明自己持有评价令牌和匿名证书的证明。证人们对评价交易进行验证，在验证通过后，发送至区块链网络。

在评价聚合阶段，各个证人计算零售商的评价密文聚合值并做部分解密，将部分解密结果发送至零售商，零售商根据评价密文聚合值和部分解密结果计算得到聚合值明文。

在用户身份恢复阶段，证人根据用户提交的评价交易，检查是否存在同一用户多次提交对同一零售商的评价。

（3）小结

ARS-PS实现了一种面向工业物联网零售业的基于区块链的匿名评价系统，可以为用户提供身份隐私保护以及评价隐私保护。然而，ARS-PS没有对证人的选择策略做细化说明，比如，如何确定证人的服务期限，以及如何保证证人的可信度。ARS-PS没有对评价做不同类型的考虑，比如除了数值型的评价，还有文字类描述等。

6.5.2 基于区块链的工业物联网安全公平电量交易方案 FeneChain

（1）引言

工业4.0自2014年4月被德国提出以来，在全球范围内引发了新一轮的工业转型竞争，它的工作模式由中心化转向分布式，旨在建立一个数字化、个性化和可扩展的生产服务模式。

工业物联网作为实现工业4.0的重要措施，已成为学术界和工业界的研究重点。随着工业系统中各个实体（如工厂、居民、电动车）用电量需求的激增以及安全问题的层出不穷，工业物联网的发展也遇到了障碍。

点到点的电量交易作为一种集合了多个能源技术的新型服务，为工业物联网实体之间的电量交易拓宽了获取电量的渠道。工业物联网实体可以通过电量交易购买所需电量、获得利润、提升电力网络的整体运行效率。

传统的电量交易系统都基于集中式的服务模型，攻击这种服务模型的新闻也比比皆是，其弊端我们不再赘述。种种负面后果都表明，一个公开透明的电量交易系统才是大势所趋。目前，人们已进行了一些研究，尝试利用区块链来解决传统电量交易系统存在的问题，特别是针对安全与隐私问题，并给出了相应的方案。

然而，公平性问题也是电量交易系统中急需解决的问题。举例来说，一个电量购买者张三向电量出售者李四支付了电费 100 元准备购买 188 度电量，但是李四在收到钱后拒绝向张三传输电量，从而破坏了电量交易的公平性。一旦全网络的电量交易无法保证公平性，电量购买者受到经济损失，则会使得电量交易系统终止运行。

基于以上问题，FeneChain 旨在建立一种基于区块链的工业物联网安全公平电量交易方案，利用承诺技术和时间锁技术阻止恶意电量出售者的拒绝传输攻击和提供可验证的公平性，借助基于属性加密的访问控制对电量出售者的出售资格进行控制，保障用户的身份隐私。

（2）方案

FeneChain 的系统模型主要由电量节点，中间节点和可信机构组成，如图 6 - 8 所示。能量节点包括电量出售者和电量购买者，电量出售者和电量购买者包括的因素有居民、电动车和智能建筑等。中间节点基站包括电厂、电量基站和本地聚合节点等。电量出售者和电量购买者是电量交易系统中的交易双方，他们都有居家或内置的智能电表，记录当前电量的使用情况。电量出售者和电量购买者通过向区块链发送交易的方式完成电量交易的信息传输过程。中间节点是区块链网络的矿工。

在系统初始化阶段，注册机构生成公共参数和公私钥对，和中间节点（主要是电厂）确定电量出售方的属性空间以及每个属性值的密钥对，和中间节点初始化一条电量交易联盟区块链。

在实体注册阶段，每个中间节点注册获得公私钥对。每个电量购买者向注册机构购买一定匿名货币，并获得公私钥对，将公钥作为自己的区块链钱包地址。每个电量出售者注册后获得公私钥对和一个属性密钥。

在电量请求阶段，电量购买者用中间节点的公钥加密自己的电量需求和购买价格，生成一个签名后，联同密文作为电量请求一起发送给中间节点。

在电量响应阶段，中间节点验证电量请求，解密获得用电需求和价格，生成一个交易资格验证字符串并使用基于属性加密算法加密字符串，广播需求、价格和字符串密文。电量出售者根据自己的属性密钥对字符串密文进行解密（只有解密成功的电量出售者才具有出售资格），加密字符串，向中间节点发送密文和押金。

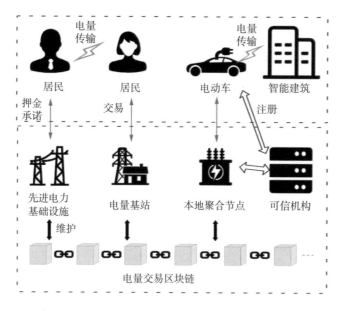

图 6-8 FeneChain 系统模型

（原图来自论文①，引用时有部分修改）

在公平电量交易阶段，电量购买者向电量出售者支付电费，向区块链广播中发送交易信息和时间节点。诚实的电量出售者将如实传输电量，计算智能电表中的传输记录的哈希值，向区块链发送一个承诺交易。电量购买者收到电量，并且在时间节点到期后没有争端，则电量交易完成。

在争端解决阶段，如果有恶意的电量出售者没有传输电量，那么可信机构会要求其出示传输记录。如果该用户不能出具记录，则被添加至黑名单。

在出售资格更新阶段，可信机构根据电量出售方的行为更新其属性密钥。

（3）小结

FeneChain 实现了一种工业物联网安全公平电量交易方案，提供可验证的电量交易公平性，防止电量出售方的恶意行为，也能保护电量交易双方的身份隐私，为工业物联网的基础电力服务做出了进一步的保障。然而，FeneChain 的具体实现也需要在实际的工业环境中进行验证。

---

① D. Liu, A. Alahmadi, J. Ni, X. Lin, and S. Shen. Anonymous Reputation System for IIoT-enabled Retail Marketing atop PoS Blockchain. IEEE Transactions on Industrial Informatics，2019，PP（99）：1-11.

6.6 云存储和智能制造中的区块链技术

随着云存储服务的流行，用户越来越习惯将自己电脑和智能手机上的数据（图片、文件）存放于云服务器端，以方便自己随时随地下载浏览。然而近年来针对云的网络攻击也经常发生，云服务器难以保证用户数据的完整性。尽管有第三方机构对云数据进行审计，但是恶意的第三方机构也可能会和云服务提供商合谋，欺骗用户。

根据以上背景，本章首节介绍基于区块链的云存储数据完整性审计方案 IBPA[①]，重点阐明区块链在云存储中的应用方法及其不足。

6.6.1 基于区块链的云存储数据完整性审计方案 IBPA

（1）引言

在当今这个信息爆炸的时代，社会活动各个方面都在无时无刻地产生着大量的数据，从个人用户智能手机上的照片，到企业员工的工作文件，再到各类传感器收集的环境数据，都给我们社会的大数据总量做出了巨大的贡献。由于受限的存储空间和硬件成本，数据持有者通常会将自己的数据存储至一个云服务器，以达到减轻本地存储的负担的目的。

虽然用户将本地数据上传至云端的做法对用户而言极其便利，然而现行的云服务提供商都可能会遭受黑客的网络攻击或者由于内部员工的误操作而丢失数据，导致云端的数据被破坏，用户无法再从云端获得自己的数据。因此，数据完整性对于用户极其重要。由于数据量大而且传输这些数据会消耗网络带宽，用户经常验证自己数据的完整性的做法是不划算的。因此，传统的数据审计模型都会借助一个第三方机构代用户去审计其云端数据。

借助第三方机构的审计方法固然可以在一定程度上缓解用户之急，但也存在着不足，比如第三方机构是否真的安全可靠或操作可信。

基于以上问题，IBPA 旨在建立一种基于区块链的云存储数据完整性审计方

---

① J. Xue，C. Xu，J. Zhao，and J. Ma. Identity－based Public Auditing for Cloud Storage Systems Against Malicious Auditors via Blockchain. Science China Information Sciences，2019，62（032104）：1－16.

案，要求用户对第三方机构返回的审计结果做进一步的验证，以区块链技术作为底层支撑。

（2）方案

IBPA 的系统结构由私钥生成器、用户、云服务商和第三方机构组成，如图 6-9 所示。完全可信的私钥生成器用于生成系统参数和用户的私钥。用户是数据提供者，将自己的数据发送给云服务商，享受有偿的云存储服务。用户可以随时随地向云服务提供商发送访问数据和更新数据的请求。同时，用户也是其数据完整性的验证者。云服务商具有强大的计算和通信能力，为用户提供云存储服务。从安全假设来说，云服务提供商不是完全可信的，即个别云服务提供商可能因为外部或内部原因破坏数据，或隐瞒数据被破坏的事实。第三方机构的任务是对云服务提供商的数据进行审计，但是可能违背用户的审计需求，导致审计结果偏离真实值。在接收到第三方机构的审计结果后，用户还需要对其进行再次验证。

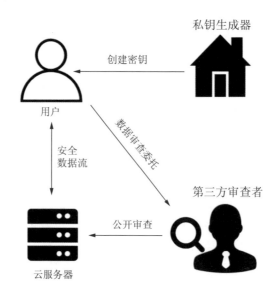

图 6-9　系统模型

（原图来自论文①，引用时有部分修改）

---

① J. Xue, C. Xu, J. Zhao, and J. Ma. Identity-based Public Auditing for Cloud Storage Systems Against Malicious Auditors via Blockchain. Science China Information Sciences, 2019, 62 (032104): 1-16.

在系统初始化阶段，私钥生成器产生系统参数和主密钥，用户向私钥生成器注册获得公私钥对。用户使用公私钥和自己的数据生成认证标签，将数据和认证标签发送给云服务商。

在审计阶段，负责审计任务的第三方机构先根据区块链的共识算法选择当前的挑战消息（challenge message，用于增加验证任务的随机性，使得云服务商无法提前伪造数据的完整性审计证明），确定一个子集，子集中标明了数据片段的位置，每次数据完整性审计的位置都由于挑战消息的不同而不同；根据子集生成一个挑战消息并发送给云服务商。云服务商根据挑战消息中的位置信息和存储的数据生成审计证明，将证明返回给第三方机构。第三方机构对审计证明进行验证，如果验证通过，则输出结果为 1，否则输出结果为 0。将验证结果封装为一笔交易，发送至区块链。最后，用户根据区块链中的验证结果再次对数据的完整性进行验证，

（3）小结

IBPA 实现了一种基于区块链的云存储数据完整性审计方案，以防止云服务商和第三方机构的恶意行为或不当操作，进一步缓解了用户对于云端数据完整性的担忧。然而，第三方机构的存在还是会给审计系统带来计算和通信的负担，如果第三方机构失效，那么用户的审计需求就得不到满足，这是我们不希望看到的。假设我们能够借助区块链中的共识节点在挖矿时使用的计算能力和存储能力，实现用户对云端数据的审计，进而达到完全分布式的数据完整性校验，那么这也不失为一种新型的云存储数据完整性审计模型。

6.6.2　区块链实现工业数据共享和柔性监管

区块链具有防伪造、防篡改、可追溯的技术特性，有利于解决制造业中的设备管理、数据共享、多方信任协作、安全保障等问题，对于提升工业生产效率、降低成本，提升供应链协同水平和效率，以及促进管理创新和业务创新具有重要作用[①]。

（1）区块链实现工业企业间互信共享

工业行业企业在各环节所产生的各类数据如果能够被企业间互相深入分析，有

---

① Y. Zhao, Y. Yu, Y. Li, G. Han, and X. Du, Machine learning based privacy－preserving fair data trading in big data market. Information Sciences，2019，478：449－460.

助于提高企业各生产环节的效率，提高设备安全性与可靠性、降低能耗、物耗与维护费用等。同时，可以减少生产过程中的人力劳动需求，提高生产过程的智能化水平。如果这些充分采集和分析操作的信息可以在联盟内共享，那么将大大促进联盟生态的进步。而如果工业互联网各行业内的企业之间能够实现可信和可控的信息共享，则对于整个行业而言能够起到产业上下游企业间信息资源共享，对于企业把握市场动态，优化配置生产资源，避免生产过剩起到至关重要的作用。相似的工业产品或者设备往往具有相似的机理模型，如果能够把这些产品设备的使用监控数据以及运维数据进行互信共享，相互促进来提高 MRO 的效率，从而可以提高工业产品或者设备的使用寿命，降低使用风险以及相应的生产运营事故发生。

（2）区块链促进工业互联网平台之间价值共享

当工业互联网平台对工业企业提供服务时，企业的各种工业互联网数据可能就会汇聚到工业互联网平台上，同时工业互联网平台也会提供各种机理模型来帮助工业企业进行工业相关的分析。通过区块链技术，可以确保工业企业在工业互联网平台上的数据的权属，确保自己的数据不会在工业互联网平台随意使用和共享。同时，同业互联网平台间，比如企业专用工业互联网平台，或者服务于其他企业的开放式工业互联网平台，这些平台间沉淀了大量的机理分析模型，如果通过区块链让这些机理模型可以在跨平台间进行共享，那么将会使得生态中的企业更大范围的享受这些模型和数据所带来的价值。

（3）区块链助力工业互联网柔性监管

对地区间、行业间都存在巨大差异的中国工业产业而言，为了促进产业的良性升级发展。在不损失产业生产贸易运营自由度的情况下，对生产交易活动进行合规监管，不仅有助于自上而下实施国家产业战略布局，同时也有助于自下而上收集企业实时反馈，从而帮助制定下一步国家发展战略，促进中国工业产业的长期稳定和持续发展。尤其是对于一些与国计民生相关的工业领域，更加需要对整个生产运营过程进行柔性监管，通过把生产过程智能合约化上链，同时接入监管节点，通过可信的本地账本，可以使得监管部门可以非常方便地进行柔性监管合规审计。

6.6.3　区块链提高工业生产效率

（1）供应链可视化

在供应链管理中对各种制约因素的"能见度"或认识程度十分重要，它要求透过各种纷繁复杂的表象洞察供求关系的规律，从而为更好地平衡协调整个供应链夯实基础。可视化技术可以帮助解决所谓的"能见度"问题。比如说，它可以在企业准备供应计划时将各种不同类型的包括原材料的供应，企业内部生产部门和外包企业产能的使用情况，物流公司的配送的能力等制约因素用动态图形表示出来，这样就能轻易找出供应链中最薄弱的环节；关于供应计划提到过可视化技术对企业降低库存量的影响，企业通过向供应商定期提供供应要求以及商议供货合约控制供应方面的变化并确保稳定的供应量。供应链可视化就是利用信息技术，采集、传递、存储、分析、处理供应链中的订单、物流以及库存等相关指标信息，按照供应链的需求，以图形化的方式展现出来。供应链可视化可以有效提高整条供应链的透明度和可控性，从而大大降低供应链风险。传统供应链可视化管理解决方案通常是将各个参与方的内部业务数据服务进行有限的封装和连接，使各参与方之间可以相互通过协定的数据服务接口和格式如电子数据交换进行信息交换。这类方案有如下无法解决的问题。一是单个参与方系统只能掌控自己的事务记录，无法有效追踪事务的全生命周期状态信息；二是当发生异常冲突信息的时候，需要多方共同协调调查各自系统排查原因；三是供应链中没有一个参与者对采购订单生命周期有充分的可视性；四是虽然电子数据交换能提供一对参与方之间的数据交换，却无法提供对所有相关利益者的采购订单状态的整体视图。

基于区块链技术的供应链可视化解决方案中，在信息存储方面，通过各参与方维护同一套多节点、分布式且具有访问控制能力的区块链网络来记录买方、卖方、物流方物流状态信息，以实现可信、安全和可追溯的数据录入和基于身份认证机制的访问控制下的数据共享。各参与方将订单等信息的全生命周期查询功能按需实现为智能合约，在数据拥有方开放访问权限的情况下，通过调用智能合约接口以身份可验证、访问可控的方式来实现可信可控的参与方之间的数据交换。

首先，通过引入区块链技术来实现供应链事务的多角度、多维度和多粒度可视化，能够避免供应链上下游参与方之间形成的信息孤岛和不对称，通过分布式记账方式避免供应链参与方的单点故障风险，保证了该框架下的供应链服务的健壮性。其次，通过智能合约对单据数据进行入链的过程减小了对手方信息录入不一致的情况，从而在发生商业纠纷时能够从同一份的账本中读取相关数据，为进行公平的仲裁提供了保障，并且提高了纠纷处理的效率，减少核对的时间和人力成本。再次，区块链技术通过基于身份的访问控制可以实现基于身份规则的数据可见性控制，使得监管机构能够通过合法身份调用各参与方的智能合约，获取供应链上下游交易订单的全生命周期信息相关的宏观和微观视图，实现柔性监管。最后，区块链去中心化的一致性账本实现了各参与方之间交易内容对相关参与方可见，同时又使得其他处于该供应链的参与方账本能够通过保存不透露事务内容的摘要的方式，对事务的无篡改性进行鉴定，避免暗箱交易和虚假交易等风险。

（2）分布式生产

分布式生产管理系统涉及跨越供应商、制造商和客户各业务活动的管理协作，包括客户订单管理、物料需求计划制订、物料采购、运输管理、库存管理、产品制造、销售管理、费用核算、客户管理等，它的运行直接影响到各协作企业的生产效能的发挥。分布式生产管理强调产能综合集成与协调，从而对涉及多个参与方的生产过程进行全局有效控制，提高分布式生产系统的集成性、协调性及过程企业对存在的经营活动异常、市场动态变化的快速响应能力，充分发挥生产管理的运作效能实现分布式生产过程中所有企业整体优化。

基于区块链的分布式生产管理解决方案，通过将供应链中上下游企业生产运行过程中各参与方的状态数据，以一致的可信的方式写入区块链，生产过程监控通过区块链共享账本技术的赋能渗透到分布式生产的各个环节，从区块链分布式账本中通过智能合约接口实现对供应链全过程状态数据的可信查询和追踪。在区块链框架下，生产过程监控为上下游企业以及企业内部各部门之间的统计信息一致性共享和访问控制可控提供有力保障。基于区块链的分布式生产模式，能够更大程度上降低供需关系的响应延迟，使得生产厂商更靠近需求端，需求端的订单发布能够通过一致的智能合约方式来触发，从而减少了订单在需求方与各相关参与方之间来回确认的额外代价，也使得各个生产环节中的参与方能够获取一致的订单内容，根据自身产能情况优化资源配置更高效地完成生产任务。通过分布式生产，订单的生产过程得以实现最大限度的并行化和自动化，从而加快了整体生产效率。并且通过订单的全生命周期监控，需求方能够实时获取可信的来自各生产方的生产状态信息，例如当前生产进度、物流配送情况等，使得需求方获得更好的订单追踪溯源的体验。

生产过程中的上下游企业以及企业各部门之间的生产数据来自区块链一致性共享账本，能够减少各商业实体在分布式生产协作网络中可信一致地分享数据的成本，同时降低各商业实体之间统计信息冗余和不一致所造成的延后风险，提高分布式生产网络中各个企业的生产状态视图的完整性和准确性，为企业合理配置资金和资源，降低因为供需关系预测不准确所造成的资源浪费。对于需求提供方，分布式生产过程为其提供了最大化生产可定制化的灵活度，以及方便快捷地对订单各个生产环节的执行过程进行全生命周期高效查询能力。需求提供方通过调用分布式生产平台的智能合约的方式来提交生产订单，并使得各订单承接方能够通过智能合约精确获得其所需生产的物品的数量以及交付时间，为订单处理过程需求提供方的维权行为，提供了一致的不可篡改的订单记录。同时，订单的整体生命周期信息包括订单的处理时间，物流配送时间以及出厂检验合格认证等一系列的订单相关信息，都以一致不可篡改的方式由各生产承接方更新到区块链网络之中，使得需求提供方能够实时跟踪订单处理状态和进度。最后，通过区块链提供智能合约查询接口来查询各生产商的可公开的聚集信息，例如最近一月总体接单成功率、被投诉次数等能够使需求提供方第一时间选择更可靠的生产承接方，从而保护需求提供方的根本利益，规避潜在的订单交付风险。

6.7　本章小结

本章以五个物联网具体应用场景为例，分别介绍了基于区块链的众包方案、基于大数据交易方案、基于区块链的车联网方案、基于区块链的工业物联网方案和基于区块链的云存储方案，并重点阐述了上述方案如何以区块链为模型基础解决不同的安全和隐私问题。

在未来的研究工作中，依旧有许多方向值得探索。首先，虽然区块链的作用显著，可用于多个物联网场景，但是结合的必要性需要阐述清晰，以形成有机的结合案例。其次，区块链只能保证数据上链后不被篡改，没有对上链之前数据的真实性进行验证，而物联网对于数据真实性的要求甚高，所以在使用区块链时需要考虑在区块链中加入验证数据真伪的问题。第三，区块链不是用于存储数据的数据库，只是一个记账账本。如何改进区块链的结构，使其在现有基础上焕发新的优良存储性能也是值得研究的。第四，人工智能技术的发展提升了大数据分析能力，区块链作为一种信息账本，可以根据物联网中对于大数据分析的需求，借助人工智能技术实现更高效的大数据分析目的。最后，探索基于区块链解决更多的物联网安全与隐私新问题，发掘更多的基于区块链物联网安全应用新模型，也是值得研究的方向。

习 题

1. 请描述众包的系统模型及各个实体的功能。

2. 请列举三个众包系统的具体应用案例。

3. 请给出 CrowdBC 和 ZebraLancer 的安全假设、设计目标和系统流程。

4. 请详细阐述 CrowdBC 与区块链结合的必要性。

5. 请描述大数据交易的系统模型及各个实体的功能。

6. 请列举三个大数据交易系统的具体应用案例。

7. 请给出 BFDT 和 SDTE 的安全假设、设计目标和系统流程。

8. 请详细阐述 BFDT 与区块链结合的必要性。

9. 请描述车联网的系统模型及各个实体的功能。

10. 请列举三个车联网系统的具体应用案例。

11. 请给出 BFAAD 和 CoRide 的安全假设、设计目标和系统流程。

12. 请详细阐述 BFAAD 与区块链结合的必要性。

13. 请描述工业物联网的系统模型及各个实体的功能。

14. 请列举三个工业物联网系统的具体应用案例。

15. 请给出 ARS-PS 和 FeneChain 的安全假设、设计目标和系统流程。

16. 请给出 IBPA 的安全假设、设计目标和系统流程。

7 区块链＋金融

区块链的技术特性是提供新型信任机制，具备改变金融基础架构的潜力，各类金融资产，如股权、债券、票据、仓单、基金份额等都可以被整合到区块链账本中，成为链上的数字资产，在区块链上进行存储、转移、交易。区块链技术的去中介化，能够降低交易成本，使金融交易更加便捷、直观、安全。区块链技术与金融业相结合，必然会创造出越来越多的业务模式、服务场景、业务流程和金融产品，从而对金融市场、金融机构、金融服务以及金融业态发展产生更多影响。随着区块链技术的改进以及区块链技术与其他金融科技的结合，区块链技术将逐步适应大规模金融场景的应用。

7.1 前言

1976年，哈耶克出版了他人生最后一本著作《货币的非国家化》，相对于他的其他著作，这本书显得低调得多。那时的西方，凯恩斯主义与货币学派盛行，政府通过发行货币来干预经济，但出现了高通货膨胀率，失业率也居高不下。哈耶克看到了国家操纵货币的弊端，颠覆性地提出可以建立一种竞争性的货币制度，允许私人或企业创立货币。这在当时乃至现在都显得非常超前和激进。

但是，到了21世纪的今天，由于互联网技术和互联网经济、互联网金融的普及和发展，加上在前述基础上发展起来的区块链技术，让"一切皆有可能"。

区块链是一种新技术，也是一种新思想。

（1）互联网金融与金融科技的发展

为什么在讲解区块链＋金融之前，要谈到互联网金融和金融科技的发展，是因为这几者是传承关系，都是得益于科技进步。

金融交易做的是资金融通，核心困难是信息不对称，而互联网金融最大的优势在于移动终端软硬件的技术提升和普及，即移动互联网时代来临，加上大数据的运用，这对解决信息不对称问题起到关键性作用。

金融科技是技术驱动的金融创新（该定义由金融稳定理事会（FSB）于 2016年提出，目前已成为全球共识），旨在运用现代科技成果改造或创新金融产品、经营模式、业务流程等，推动金融发展提质增效。在新一轮科技革命和产业变革的背景下，金融科技蓬勃发展，人工智能、大数据、云计算、物联网等信息技术与金融业务深度融合，为金融发展提供源源不断的创新活力。

但是，互联网金融在疏通金融资源、扩大金融普惠过程中，也存在一些问题，目前金融体系是中心化的，数据信息的不确定性也会加剧市场交易的风险。虽然有大数据，但是由于传统的数据孤岛效应很难被打破，所以，依然面临困境。

现代金融体系之所以存在许多问题，主要就在于风险的不可控及高成本以及信用基础的缺失、风险预期的提升等。而区块链技术的去信任化机制、不可篡改特点，恰好能弥补包括互联网金融在内的这些不足，让互联网金融升级和更加优化，更加安全、透明和高效。

区块链＋金融，将是互联网金融的升级版，也是金融科技的升级版。

它是智能的，金融交换载体由数据变为代码，传统金融有望成为可编程的智能金融。

它是去中心化、去中介化的，实现了点对点交易。

它是一体化的系统，身份识别、资产登记、交易交换、支付结算都可以在区块链上一账打通。

它是实时化、场景化、7/24 小时全天候的，现实世界与虚拟世界、物理世界与数字世界无缝链教的金融体系。

借助区块链这一技术来对互联网金融进行调整、优化，未来可能成为区块链应用中非常重要的部分，即区块链＋金融。

（2）数字资产、加密数字资产和金融资产的发展

数字资产是一类可编程资产，以电子数据的形式存在，表示基础资产的所有

权和价值。随着区块链、智能合约和 DApp 的发展，数字资产发行和管理的困难大大减小。加密数字资产是数字资产的子类别，可以在去中心化的计算网络中不依靠中介创建、存储、交换和管理。加密数字资产的形式可能与传统资产不同，但是加密数字资产的核心本质与传统资产没有什么不同。

通常，根据采用区块链技术的难度，可以将加密数字资产分为 6 个不同的类别。它们分别是加密货币、数字化传统金融资产、法定数字货币、数字化无形资产、数字化有形资产以及数字化常规服务和产品。

数字化的传统金融资产是股票、固定收益债券、ETF、REIT、衍生工具等常规金融资产的数字形式。数字化金融资产允许任何人在开放的金融网络中拥有和转移金融资产，而无须受信任的第三方，这将简化金融资产的创建、交换、清算、结算和治理。例如，在整个股权交易的整个生命周期中，都需要许多金融中介机构：证券交易所和交易场所（如美国纳斯达克、纽约证券交易所等）、经纪商、托管银行和存托信托公司。区块链可以通过消除重复的确认或确认步骤，缩短结算周期并降低交易风险来进一步简化交易周期的交易后部分，这反过来又降低了行业的成本和资本需求。

法定数字货币是法定货币的数字形式，例如数字人民币和数字美元等。它们存在于分布式账簿网络中；并且可以在没有零售银行这样的受信保管人参与的情况下拥有、转让和交换。目前国内外许多国家的中央银行一直在积极研究如何使用区块链技术发行中央银行数字货币。

同时，Tether，TrustToken 和 Gemini 等其他私人实体也提供托管服务，发行 USDT，TUSD，GUSD。随着监管制度的发展和区块链识别技术的发展，法定数字货币正成倍增长并成为一种非常重要的法定货币。

数字化无形资产是通过区块链发行和管理的数字形式的无形资产。奖励卡、特许权使用费、版权、专利、游戏积分、信用评分等无形资产可通过区块链技术进行数字化。如今，由于所有权跟踪的困难以及知识产权交换和支付系统的高昂成本，知识产权执法一直是知识产权所有者面临的挑战。鉴于内容的泛滥和易于在网络上分发，无形的产品（如软件、音乐、图像等）经常未经许可就使用。区块链具有其固有的优势，例如不变性、透明性、可追溯性，所有权交换的即时性和低成本。使用区块链跟踪所有权、权利和许可交易要容易得多，这可以保护知识产权并为创作者提供对许可和执法权的更多控制。

数字化有形资产是一种有形资产的数字形式，其所有权和权利通过区块链进行数字化、发行、分配和管理。房地产、商品、林地等有形资产可用作基础资产，用以支持由受托保管人发行的数字代币。这些代币的价格将与基础资产挂钩，并且代币可以在区块链上进行交易、清算和结算，以消除交易场所、交易商和经纪人等中介。此外，数字化有形资产的高度可分割性使其可以很容易地被分解成较小的单位，以用于交换和透明地转让所有权，这将提高流动性和为高价值资产筹集资金的效率。

数字化常规服务和产品是服务和产品的数字形式，由公司或个人在区块链上发布以代表其产品或服务。产品和服务数字化后，在区块链上进行交易和结算非常容易，从而大大降低了销售点的交易成本和交易结算周期。此外，区块链的可追溯性和透明度可以帮助解决假冒产品问题。更重要的是，区块链的高度可访问性将帮助服务和产品扩展到更广泛的人群和客户，来扩展他们的市场。

数字资产是价值存储的未来。

我们认为，区块链的透明性、可访问性、可追溯性、可分割性、即时付款、低成本、安全性、可靠性和去中心化架构使其成为重塑金融服务、零售和供应链等传统业务的绝佳选择。可以通过开放网络轻松监控和追踪在区块链上发生的交易，参与者之间的这种透明性和可追溯性将彻底改变制造和零售供应链。高可访问性是区块链的另一项创新，使其成为促进金融包容性和民主化以及无边界社会的完美技术。数字资产是电子数据形式的可编程资产，这使其高度可分割并且可以以低结算成本即刻转让。这将在价值交换、清算和结算方面彻底改变金融服务以及资金筹集和分配；通过其分布式网络体系结构设计，它解决了单点故障问题，并显得提高了网络安全级别和可靠性。数字资产是未来数字和智能经济的基石。随着人工智能、机器学习和物联网等技术的智能革命的发展，区块链将在没有人参与的情况下，作为价值交换渠道发挥关键作用。

（3）国内外巨头们积极试水

近年来，各大互联网金融巨头均积极布局区块链领域。阿里、百度、腾讯、京东、苏宁、小米等众多国内互联网巨头公司在区块链领域均有涉猎。

在布局方面，蚂蚁区块链迄今落地了 40 多个应用场景，在公益、跨境汇款、小微企业融资、商品正品溯源，租赁房源溯源等领域均有涉及。此外，蚂蚁金服的区块链技术已经走出国门，在跨境汇款领域，继全球首个基于区块链的电子钱包跨境汇款服务在我国香港特别行政区上线后，巴基斯坦首个区块链跨境汇款项目也正式上线。区块链跨境汇款技术升级，有望缓解等待时间长、汇款到账慢等难题。

腾讯于 2015 年成立了区块链团队，并确认自研技术路线，明确做深做透应用场景，目前已经相继落地区块链电子发票、供应链金融、智慧医疗、物流信息、法务存证、游戏等场景。2017 年，腾讯云发布区块链金融解决方案 BaaS，探索在智能合约、互助保险、大数据交易及资产交易、供应链金融与供应链管理、跨境支付/清算/审计等场景下，为用户提供区块链服务。

2018 年，腾讯打造了"供应链金融＋区块链＋ABS 平台"——微企链平台，目前已为 2.7 万家小微企业提供供应链金融服务。相较于传统供应链金融模式，微企链平台通过区块链不可篡改、去中心化的特点，打造应收账款拆分、流转与变现的功能，实现应收账款融资的模式创新，将核心企业的信用穿透并传递至长尾中小微企业，解决小微企业融资难、融资贵问题。

2018 年，民生银行联合中信银行、中国银行设计开发的区块链福费廷交易平台投产上线，系统为福费廷业务打造预询价、资产发布后询价、资金报价多场景业务并发、逻辑串行的应用服务流程。建设银行推出区块链银行保险平台，并成功办理业内首笔区块链国际保理业务。针对保险市场保单信息流转环节的各种"痛点"，众安科技联合多部门尝试在开放资产协议的基础上推出保险通证，实现了保险资产的通证化。

7.2　区块链如何改变货币和金融

7.2.1　金融行业及其特点

金融行业包括银行、保险、证券、股票、基金、资产管理、期货、信托、交易所、支付、小额信贷、消费金融、互联网金融等行业。

金融的本质是信用，因为有了信用，才能够在不同的时间地点以及不同的参与者之间进行资金的流通和配置。因此，金融业有着大量这样的中介机构存在，包括银行、第三方支付、资产管理机构等等。但是这种中心化的模式存在很多问题，中心化意味着各中心之间的互通成本高，沟通费时费力，运作效率低，并且中心化的节点容易受到攻击和篡改，数据不安全。

金融体系发展至今，已经形成了稳定的规模和结构，但在实际运作过程中，依旧存在一些有待改进的问题。

（1）跨境支付周期长、费用高

跨境支付由于双方地理位置及信任因素，不少跨境支付到账周期都在一周左右，并且费用较高。如 PayPal，普通跨境支付交易手续费为 $4.4\%+0.3$ 美元。

（2）融资周期长、费用高

对于中小企业的融资而言，第三方征信机构需要花费大量的时间去审核企业的各种凭证以及账款记录，由于工作量大，给出的融资费用都较高。

（3）票据市场中心化风险较大

票据市场依赖于中心的商业银行，一旦中心服务器出现故障，票据市场随之瘫痪。并且市场上一票多卖以及虚假商业汇票的问题也时有出现。

（4）底层资产真假难辨

基金、资产证券化以及各种理财产品，都是对底层资产的包装以便投资者直接购买。底层资产包括标准化的债券、股票、公募基金以及非标准化的应收账款及收益权等。从底层资产变为直接供投资者购买的产品，需要经过多方主体的参与，交易环节存在信息不对称的问题，各方交易机构对底层资产的真实性和准确性也难以把握。

7.2.2　区块链＋金融应用场景

金融行业包含的细分领域非常多，与区块链技术的应用非常匹配，主要集中在联盟链以及智能合约等方面，下面主要概述其中的五大应用场景。

（1）数字货币

在当前的国家体系中，货币的发行完全由政府领导，中心化组织去发行货币，不容易对市场有很准确的判断，从而导致货币发行量远超于市场需求量，引起通货膨胀。

国际清算银行基于近年来出现的货币类型提出了如图 7-1 所示"货币之花"的分类框架。从广泛使用（零售型）、数字化、央行是否作为发行方，以及基于通证还是账户等角度展开分析。比如图中蓝色线框中就包括：基于通证发行的央行零售货币和央行批发货币，还有基于账户发行的零售货币都属于央行数字货币（CBDC）。

数字货币有着一些独特的优势，不过目前也存在很多风险。首先是经济泡沫与欺诈的问题。目前，市场上衍生出了大量其他种类的数字货币，其中有很大一部分并没有实际价值，变成了一些不法分子圈钱敛财的金融工具。其次是技术风险，数字货币的私钥一旦丢失，导致资产丢失后将无法找回。另外，数字货币的源代码通常采用开源方式，在公开透明的同时，黑客可以发起针对性的攻击，给持币用户带来巨大损失。最后，政策风险很高，由于数字货币的出现直接影响了传统货币的地位，这也撼动了各国央行的权利。并且数字货币的无国界化也对各国的监管提出了极大的要求，不少不法分子利用数字货币的匿名性、无国界化进行非法交易，逃避政府监管。

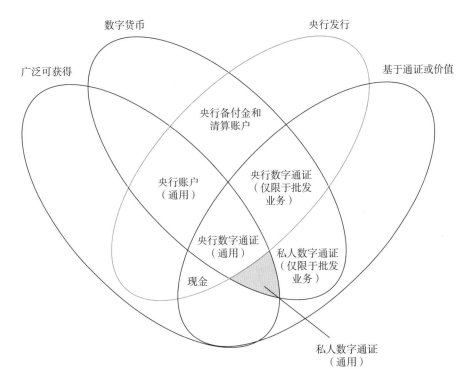

图 7-1　货币之花

注：本图说明了货币的四个关键特征：发行方（央行或非央行）；形式（数字或实物）；可获得性（广泛或有限）；技术（基于账户或基于通证）。私人数字通证（通用）包括加密货币。（资料来源：国际清算银行（BIS），2017）①

（2）支付清算

现阶段商业贸易的交易支付、清算都要借助银行体系。这种传统的通过银行

—————————

① Morten L. Bech，Rodaey Garratt. Central Bank Cryptocurreacies，BIS Quarterly Reviea，September 2017。

方式进行的交易要经过开户行、对手行、清算组织、境外银行（代理行或本行境外分支机构）等多个组织及较为烦冗的处理流程。劣势很明显：成本高、效率低以及安全性差。

区块链技术在支付、清算和结算活动中的应用，诞生了许多协议如 Litecoin（Litecoin Foundation，2012）、Bitcoin Cash（Bitcoin Cash，2017）、Dash（Duffield&Diaz，2018）、Monero（GetMonero.org，2014）等。它们都在努力提高功能的可扩展性、速度和隐私性。

区块链对支付清算带来以下优势：首先是跨境支付方面，流程更简洁、效率更高。各家金融机构可以联合起来成立一个联盟链，基于区块链技术可以共同生成一个分布式的账本系统。例如著名的 R3 CEV 联盟，创始成员包括巴克莱银行、西班牙对外银行、澳洲联邦银行、瑞士信贷等等，中国的平安银行也已加入该组织。其次，区块链可以降低操作成本，为点对点支付提供了可能性。通过去掉第三方机构的参与，提高信息传递效率，降低信息传输以及错误频率，提高了交易速度，降低了交易成本。再次，提高交易速度。区块链往往使用点对点的网络结构进行布置，有助于简化流程、提高结算效率。并可以实现全天候、24 小时转账支付业务，减少资金闲置时间。

（3）数字票据

票据是交易过程中的债权债务的表现，是一个信用工具。票据业务中间有着很高的流动性，从而滋生了很多违规操作，存在管控漏洞。从票据交易场景来看，整个流程分成出票、流转和承兑三个阶段。区块链技术的应用，可以有效地解决整个交易过程中的相关问题，主要可以带来以下几个方面的改进：

实现票据价值传递的去中心化：在传统票据交易中，往往需要由票据交易中心进行交易信息的转发和管理；而借助区块链技术，则可实现点对点交易，去除票据交易中心中介位置。

能够有效防范票据市场风险：区块链由于具有不可篡改的时间戳和全网公开的特性，一旦交易完成，将不会存在赖账现象，从而避免了纸票"一票多卖"、电票打款背书不同步的问题。

系统的搭建、维护及数据存储可以大大降低成本：采用区块链技术框架不需要中心服务器，可以节省系统开发、后期维护的成本，并且大大减少了系统中心化带来的运营风险和操作风险。

（4）证券交易

利用区块链技术，可以替代中间机构，买卖双方可以通过智能合约的形式自动配对，然后自动完成交易结算，不需要第三方机构的参与。这大大提高了交易速度，节约了交易费用。并且整个数据进行打包放在链上，可以有效避免一些争议。

（5）保险服务

近年来，我国保险业市场的增长速度非常快，这也表明了我国保险市场需求巨大。但是整个保险业相对比较传统，有一些互联网保险业务的创新，但是都只是表面上有改善，并没有真正解决问题。目前保险业存在以下问题：保费欺诈、用户与保险公司之间信息不对称以及理赔过程烦琐等。区块链技术可以带来以下改善：

降低骗保风险：记录在区块链上的信息可追溯和不可篡改，利用区块链记录客户信息，可以有效降低信息虚假的可能性。

信息透明化：利用区块链技术可以最大限度地解决信息不对称的问题，保险公司可以准确有效地了解到用户的个人信息，简化投保流程。更容易直接跟用户形成联系，进行更加充分的沟通和交流。

智能合约自动理赔：利用区块链智能合约条款，只要达到理赔条件，则可以触发理赔，保单直接自动支付赔偿金额，中间无须保险人进行申请，保险公司对各项信息进行审核，大大提高效率。

总的来说，由于金融行业的高度数字化特征，以及区块链技术的发展和优势，区块链＋金融在业内极为看好，区块链注定是金融行业未来重要的发展方向。

7.2.3　区块链＋金融的优势

业界普遍在探索区块链在金融领域的应用，总结起来，是因为区块链＋金融有以下几个明显的优势：

（1）点对点建立信任

区块链为点对点支付提供了可能性。通过上链，金融活动都直接由交易双方直接进行，去掉了第三方机构的参与，有利于提高效率，降低错误频率以及交易成本。

（2）自动执行协约，降低交易成本

通过应用"智能合约"技术，金融从业者可把交易内容通过编写程序的方式录入区块中。由于区块具不可篡改的特性，只要触发交易发起的条件，交易将自动进行。因此，欺诈等行为难以发生。这一技术有助于帮助泛金融公司减少交易争议，降低成本，提高交易量。

（3）简化结算流程，提供效率

区块链往往使用点对点的网络结构进行布置，有助于简化流程、提高结算效率。并可以实现全天候、24小时转账支付，减少资金闲置时间。同时，在泛金融系统中传递的大量票据、凭证等，通过上文所述的信用系统，客户、机构可快速获得资质证明，避免烦琐的票据流程。

（4）提高网络安全性能，进一步了解客户信誉

通过构建一个基于区块链的交易系统，客户的交易历史可在链上完整呈现，而客户已经开始但尚未结束的交易活动（如期权、债券交易等）也可通过"智能合约"等技术一并呈现、执行。有赖于区块结构的设计（如 Merkle 树等），这些信息是不可篡改、不可删除的。如此一来即可在很大程度上避免了如 TCP/IP 网络等带来的技术风险。另一方面，这一设计保证了客户信息的完整性和准确性，使得金融从业者可以利用数据和分析，对客户进行准确的信用评估，挖掘客户的潜在价值。简化授信流程、提高授信能力。无论是传统金融业或非传统金融业，均可通过重新构建精细的客户信用系统而从中获益。

（5）信息共享，优化市场

在底层资产经过拆分、整合，变成理财产品的过程中，由于区块链透明化和不可篡改的特点，各交易机构可以清晰地看到底层资产的真实性，投资者也可以看到理财产品是经过哪些底层资产包装而成，极大地提高了资产价值的透明化，以便投资者更好地做出投资决策。另外，区块链的透明化也可以做到各资产管理公司业绩的透明化，投资者可以清楚地看到资产管理公司的资产管理水平，以决定资产的委托。透明化的市场形成了一种公众监管的形式，优化了金融市场。

（6）不可篡改，天然确权

区块链技术在股票、债券等的买卖上具有天然的优势。链上个体根据私钥可以证明股权的所属，股权的转让只需要在链上通过智能合约执行，记录永久保存不可篡改，产权十分明晰。另外，由于交易记录具有完整性和不可篡改性，在对企业的业务账单进行财务审计的过程当中，极大地方便了交易凭证的获取，以及账单的追踪等问题，大大提高了审计效率，降低了审计成本，方便了对企业行为

的监管。

7.2.4　区块链＋金融的制约因素

（1）吞吐量限制

在区块链技术中，由于区块的大小、区块创建的时间受到限制，区块链每秒可处理的交易数量亦因此有所限制。而 VISA 系统的处理均值为每秒 2000 笔，号称峰值约为每秒 56000 笔。此外，区块链的特点即分布式，并且要求保证一致性。链上任何一次交易都需要 51％ 节点计算结果一致才能进行，每一次交易都需要大约 10min 的计算时间。因此若希望区块链技术能保证每天上万亿美元的大规模交易，还需要进行技术上的完善。目前新的公链技术正在试图扩展这部分性能。

（2）安全性

目前区块链＋金融等应用对用户有很高的要求，私钥的保管非常关键，万一私钥丢失将造成资产的永久丢失，这对于普惠的金融服务是无法接受的。同时区块链应用要进一步提高网络安全性，杜绝类似交易所被盗的事件发生。

（3）监管的困难

金融市场是国际化的市场，区块链的去中心化也给监管带来了困难。如若将来发展到世界各地用户都在链上发行各类资产，对用户的司法管辖权的界定有一定的困难，并且规模越大，地域约分散，管理越困难。

（4）政策风险

作为一种去中心化技术，区块链可以避免个人资产被托管，能在一定程度上提高安全性。但这一特性也与金融行业反洗钱的规则相冲突，可能面临较大的政策风险。同时，数字货币易于投机，便于机构及"大户"操控市场，严重损害不明真相用户的利益，不利于社会稳定。

7.3　TOKEN 经济学

7.3.1　通证经济的概念和特点

通证经济（Token Economy）是一种对"通证"（Token）进行管理的经济。根据通证学派的定义，通证是指可流通的数字权益凭证。作为一种数字化凭证，通证需要具备三个特点：可流通、可证明和有价值。可流通是指通证能在全社会范围内使用、转让以及兑换；可证明是指通证是真实的，能被快速识别的，同时具备防篡改、隐私保护等能力；有价值是指通证只是价值的载体和数字化形态，它需要实实在在的资产权益做支撑。这里的资产权益包括资产的所有权、使用权以及未来的收益权等。

广义上的通证可以分为三大类。第一类是以身份证、信用卡、用户积分、优惠券等为典型特征的功能性通证。对于持有人来说，它具备一定的功能。比如身份证能证明持有者的公民信息，信用卡能反映持有者的消费透支程度，用户积分和优惠券能赋予持有人一定的消费特权等。第二类是以金融衍生品、债券、期货合约和股票为特征的权益性通证。它对应着持有人在金融交易过程中的获取未来收益的权利（或者损失）。第三类是以区块链技术为基础的加密数字资产。它利用区块链技术防篡改、可追溯以及分布式记账等特点，可以实现通证在区块链网络上资质可验证，流通可追溯，个人隐私和交易数据安全可保证。

当区块链网络中的利益相关者获得了 Token 的奖励之后，这些 Token 需要有一定的价值支撑，才能真正体现出激励的本质，否则若奖励的都是空气，那无论奖励多少，都是空气。通过利益相关者付出工作量等方式获得的 Token，需要有另一套的工作、使用、消耗的方法来实现 Token 的流通与回收，并需要与现实中的生产资料进行价格锚定，或在区块链网络上生产出价格（如提供 Dapp 服务），以此实现 Token 价值的真正体现。另外，保持适度的通胀以刺激 Token 的流通需求并进行宏观调控也是区块链链上治理需要设定好的规则。常见的 Token 价值模型有以下几种：

物权模型：这里的物权指该 Token 会映射到现实的实物资产。比如 Tether 的每一个 USDT 将会映射一美元。每一个 Token 映射 1 克 99.99% 纯度黄金的 DGD 等。

燃料模型：燃料模型指的是 Token 可以在该项目的区块链网络上进行消费或抵押，并由此获得服务或者项目的使用权。以太坊网络上会搭建各种应用，而这些应用在执行任务、提供服务的时候，需要消耗 ETH，类似消耗流量。在 EOS 网络上，开发应用提供服务需要质押相当数量的 EOS 以换取带宽。

股权模型：股权模型即拥有此类 Token 则类似于现实中的股权一样，可以分享该项目或对应公司的盈利，或者以此对公司的重大决议进行投票。值得注意的是，有些 Token 链上设置上并不是股权模型，但在链下治理动议表决的时候常作为投票的凭据，以此表决是否通过新的升级方案。

7.3.2 通证设计

通证设计，也叫通证经济体设计。通证经济体是一个产业生态圈或社区；它用通证来表示一个生态或社区的广义资产；借助通证来进行分配、交易。

发起通证的区块链项目实体（非营利性基金会或自商业公司——Decentralized Autonomous Company，DAC）是社区和资产的创建者、协调者。

通证经济系统设计包括：一是与通证价值相关的设计；二是与通证数量相关的设计。

一个通证所表示的价值是什么？如何与现有资产对应？可因什么贡献而获得通证？如何用它投资社区？如何确定它的价格？这些都是通证价值设计需要回答的问题。

通证的数量设计包括通证数量的初始分配、流转和总量控制等。通常，通证在四个群体中进行发行和分配：①投资者；②团队和顾问；③生态成员；④留存。

假设用通证经济系统来改造一个线下社区，那么可能有一个初始分配：投资方、团队各获得一部分通证；现有社区成员按照规则获得一部分通证；同时将一部分通证留存，以备社区发展之需。其中，社区成员按一定规则获得通证，其实就是把线上资产映射到链上，用通证表示出来。接下来，通证将根据社区成员的贡献进行分配，这就需要设计一个通证在社区内的使用场景，比如：生态成员如何获得通证？生态成员如何消耗通证？也即如何回收通证？如何安排回收的通证？是再次发放与流通，还是销毁？还是变更为留存状态？

另外，还需了解通证的总量如何变化？是增多，是不变，还是因逐步销毁而减少？最后通证的解锁，意思是被解锁的通证以什么样的速率和规则逐步释放？

确定了上述通证的价值和数量逻辑之后，就可以编写智能合约用代码来实现它，并在区块链上自动甚至自治地运行了。

7.3.3 通证化或链改

区块链技术发源于开源社区。它的立足点不再是知识分享而是信用传递，试图利用技术来解决社会经济领域的种种弊端。区块链的技术变革，改变了生产要素的组织模式与收益分配方式，更像一场技术、经济和社会因素叠加在一起的高维度实践，是在多方协作下基于 Tokenized 实现激励共融的非零和博弈。在这里，消费者具有了多重属性，他们既是产品的消费者，又是生产的参与者，成为生产要素的一部分。同时，也具有最终收益的分配权，成为一类投资者。区块链将释放社群内在的潜能，真正实现"众智、众包、众评、众享"的分布式自治组织（DAO）及分布式自治公司（DAC），这将成为更高经济运行效率的新组织体。

分布式共享经济是传统社群经济的升级版。它基于区块链的共识账本传递信用与价值，开辟了数字经济的新空间。区块链的共识账本和 Tokenized 机制首先串接起产品生态市场，链接了产品的生产、供应、销售渠道和用户，称之为 Token 的内生循环。在内生循环中，各参与方都围绕产品及服务的共识建立起协作关系，通过区块链的信用穿透特征和 Tokenized 后的有效激励模型促进产品生态市场规模的扩大。运营效率的提高和资金使用效率的提升是区块链带来的重要价值。

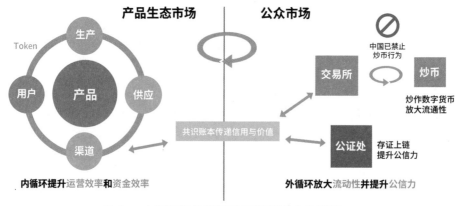

图 7-2　分布式共享经济全市场运行示意①

分布式共享经济除了内生循环的产品生态市场外，还存在着面向大众的公众市场，也称之为 Token 的外循环。在外循环，所有大众都可以参与其中。区块

---

① 资料来源：《开启数字经济新大门——企业上链白皮书》，北京投肯科技有限公司等，2018（使用时略作修改）。

链上的共识账本面向大众开放透明，可以随意查阅。存储于共识账本上的信息永远留存不可篡改。这种链上存证机制带来了品牌公信力的提升。当记载信用与价值的共识账本对接交易所后，就可以提升资产的流动性，带来流动性溢价。而溢价与风险同行，国内的政策法律目前禁止了这种模式的存在。

分布式共享经济在区块链技术的支撑下，在数字经济中开辟了新的维度空间。在 Token 内循环和外循环的协同下，分布式共享经济各参与方在低摩擦的生态环境中获得运营效率、资金效率、品牌公信力的提升和流动性溢价，获取到最大化的收益，创造了全新的商业生态。

7.4　自金融模式和 Defi 兴起

7.4.1　自金融模式

加密货币的核心要义在于，通过加密技术与经济激励相容设计的结合，实现价值的点对点交换。其最大的特点是用户的自主性，私钥本地生成，非常隐蔽，从中导出公钥，再变换出钱包地址，自己给自己开账户，不需要中介，公私钥体系取代了商业银行的账户体系，自金融商业模式应运而生。具体表现为：

一是用户可通过数字身份运用安全技术对金融资产进行自主控制，有助于实现纯线上的金融服务，改变线上线下两层的状况，提升用户体验；

二是用户之间点对点地进行金融资产交易，可以独立于任何第三方服务机构，可降低成本，提升效率；

三是用户对数字身份的保管，直接承担交易责任；

四是用户隐私得到极大的保护。

在自金融模式下，客户对自己的资金、资产甚至交易行为有着极大的掌控力，不再被捆绑于银行以及第三方支付机构。这是一个全新的模式，长期来看，或将对支付宝、微信支付等第三方支付机构，以及 SWIFT、维萨、银联、网联等转结清算机构，银行电子渠道，大数据征信机构等带来较大冲击。

7.4.2　DeFi 的兴起

在区块链金融领域，DeFi 的兴起是值得关注的现象之一。DeFi 全称为 Decentralized Finance，也称之为 Open Finance（开放式金融），来指代建立在区块链上的"去中心化金融"产品和服务。目前，非常多的 DEFI 项目获得融资上线。

DeFi 包括但不限于以下几种表现形式：

1. 分散式交易所，例如：0x 或 KyberNetwork；

3. Set 协议，相当于 ETF 的去中心化功能；

3. 基于智能合约的资产管理基金，例如：MelonPort；

DeFi 具有明显的优点，DeFi 无须任何传统的中央机构或中介机构即可提供相同的金融服务。并且也无对象和使用者的认证限制，只要参与到项目当中就都可以去使用 DeFi，相比传统金融业务来说，DeFi 更加平滑，业务门槛更低。没有中央权力机构，DeFi 可以使世界上每个人都能够以高度自治和更少障碍来从事一系列金融服务，例如支付、借贷、保险、投资和管理其财富组合。

TokenInsight 发布的《2019 DeFi 行业年度研究报告》称：锁定在以太坊DeFi 中的总价值（USD）在 2019 年从 2.9 亿美元增至 6.8 亿美元，价值翻了一倍以上。

DeFi 最重要的愿景是将所有的资产通证化，最终在全球形成一个无国界的开放金融系统。在这里，一切的运行由智能合约和代码作为中心，没有暗箱、没有隐私信息被审查或利用，一切数据公开透明，无须相互信任，也无须任何的准入门槛，所有人可以以任意的颗粒度进行公平的交易。

但同时，DeFi 发展初期的现状是——大多数用户对其认知程度很低，用户的数量也还很少。一方面，DeFi 的发展受制于底层公链的性能。目前的 DeFi 项目，主要搭建在以太坊网络之上，目前以太坊的性能瓶颈比较突出，距离突破性能瓶颈还有较长的路要走，这样的状况下那些对性能要求较高的 DeFi 项目，将处于比较尴尬的境地。

另一方面，去中心化的金融项目，相对于传统金融产品，使用难度大很多，对用户的认知要求较高，这也会很大程度上影响 DeFi 的发展速度。

此外，去中心化金融项目的安全性有待实践的印证，并不断积累用户信任。

7.5 央行数字货币

央行数字货币研究所前所长姚前曾提出，"如果说金融是现代经济的核心，是实体经济的血脉，货币则是经济核心的核心，是流通在经济血脉里的血液，而法定数字货币堪称金融科技皇冠上的明珠，对未来金融体系发展影响巨大"。

7.5.1 各国央行数字货币的应对与策略

十多年来加密货币的不断发展，带来了全球性的大规模数字加密货币试验，这也使各国不得不面临一个问题和选择：各国央行是否需要发行数字货币？

如果有国家央行发行法定数字货币，那么它一定会成为区块链支付工具，成为交换媒介、价值尺度、价值存储的数字载体。价值稳定的问题也会得到解决。在完成技术成熟、获得稳定的价值载体之后，大规模的区块链商业应用会很快得到实现。

2018 年，国际清算银行（Bank for International Settlements，简写为 BIS）的一篇报告对目前存在的各类支付工具进行汇总，并对央行数字货币进行了界定。它使用的标准：是不是可以广泛获得，是不是数字形式，是不是中央银行发行的，是不是类似于比特币所采用的技术产生的代币。

基于账户（account）的央行数字货币，或称中央银行数字账户（Central Bank Digital Account，简写为 CBDA）。另一种是中央银行以比特币所采用的技术发行的代币，称之为基于代币（Token）的央行数字货币，或称为中央银行加密货币（Central Bank Cryptocurrency，简写为 CBCC）。

表 7-1 通证（Token）范式在法币领域的应用分类

发行主体		目标用户	
		批发型	零售型
发行主体	中央银行	批发型中央银行数字货币	一般目标型中央银行数字货币
	私营机构	金融机构间结算币	比如 USDC 和 Libra 项目

国际清算银行 2019 年 2 月发布的工作论文《谨慎推进对中央银行数字货币的一项调查（Proceeding with caution - a survey on central bank digital currency)》显示，在 63 家回应了其调查问卷的央行中，70% 正在（或很快会）开展中央银行数字货币工作，许多央行已经进入实验或概念验证阶段；实物现金不可能满足未来支付的需要，尽管许多人还只能等待央行数字货币的出现，各国央行正在努力工作，来确保它值得等待；发达经济体央行发行通用目的的中央银

行数字货币的理由依次是：支付安全、金融稳定、支付效率（国内）、货币政策执行、支付效率（跨境）、普惠金融；而发展中经济体的顺序是支付效率（国内）、普惠金融、支付安全、金融稳定、货币政策执行、支付效率（跨境）和其他。

2019 年 7 月，IMF 金融参赞兼货币和资本市场部主任托比亚斯·阿德里安发表报告《数字货币的兴起》(The Raise of Digital Money)，认为稳定币将成为数字法币。价钱稳定的数字法币，和法币挂钩，有政府、央行或是银行担保，有银行或是金融机构参与，可能由科技公司或是银行合法合规发行。

文中提出，数字法币从小做起。数字法币以小型、区域性、实验性起步，刚开始主要从事少数央行业务，例如支付，慢慢形成大型数字法币，最后以区块链互联网出现，那时会是"链满天下"。这样数字法币不会建立在旧系统上，会是全新系统。这符合现代系统工程，一个大系统的改造不是从旧系统做起，而是另起炉灶，重新做起。数字法币是货币大改革，改变市场、货币政策、银行结构，助力经济发展，形成新型货币竞争。货币竞争四大要素为速度、安全、监管和政策。

2019 年 8 月 23 日，英国央行行长马克·卡尼在美国怀俄明州杰克逊霍尔举行的联邦储蓄委员会研讨会上发表演讲时表示，美元将失去世界储备货币地位，取而代之的将是基于一篮子法币的数字法币。这一事件迅速成为热点，并拉开了主权数字法币角逐的大幕。美国媒体和专家都称数字法币战争就要开始，哈佛大学针对这一事件，进行了"数字法币战争：国家安全危机模拟"。

2019 年 10 月，英国 Fnality 公司发布稳定币项目白皮书。其中提出一个跨国的稳定币（USC），包括数字美元、欧元、日元、英镑、加拿大元，但同时又有各国法币的身份证，建立一个跨央行的资金池，提供央行和央行之间、央行和银行之间的良性交互机制。Fnality 认为这种稳定币模型符合 IMF 提出的央行和民间合作建立的合成数字法币模型，也是多国央行认可的批发数字法币模型。这样的批发数字法币也是和商业银行合作完成的，以后可以开放给非银行机构。该白皮书大多谈论支付交易设计，实际系统设计没有公开，但仍可以看出 Fnality 系统的设计很有智慧，将使得现在支付流程有非常大的改变。就好像以前是马车，现在是汽车，城市交通规划会大变。

图 7 - 3 是国际货币基金组织依据类型、价值、担保和技术四个属性，将货币进行划分，称之为"货币之树"。第一个属性是类型，分为索偿（Claim）

和对象（Object）。索偿是基于账户发行货币，并转让现有金融工具价值，以借记卡为例。对象则对应点对点，基于通证发行货币，只要双方认可某金融工具，就可以直接完成交易。价值是支付的第二个属性，分为以固定价格赎回、以可变价格赎回、计价单位和其他。支付的第三个属性是担保。又分为政府担保、私营部门担保和私营部门＋储备金担保。不同担保类型会影响用户的信任度和监管机构的反应。最后一个属性是技术，分为中心化和去中心化（分布式）。

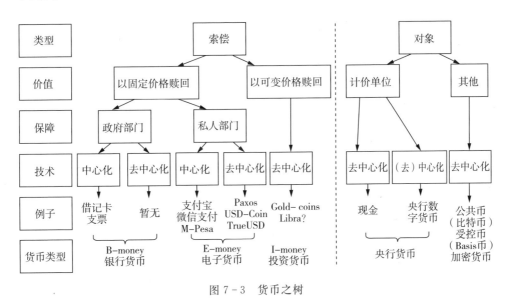

图 7-3　货币之树

[资料来源：国际货币基金组织（IMF），2019]①

7.5.2　中国的央行数字货币

我国是最早研究央行数字货币的国家之一，2014 年就开始着手研究，也是首家成立数字货币研究所的央行。截至 2019 年 9 月，央行 4 家机构申请了共 84 项专利。这 4 家机构分别为中国人民银行数字货币研究所（52 项专利信息）、中国人民银行印制科学技术研究所（22 项专利信息）、中钞信用卡产业发展有限公司杭州区块链技术研究院（6 项专利信息）以及中钞信用卡产业发展有限公司北

① Tobias Adrian and Tommaso Mancini－Griffoli. FinTech notes / International Monetary Fund. Washington，D. C. USA. July 2019.

京智能卡技术研究院（4 项专利信息）。

央行数字货币（CBDC）属于法定货币的一种，是中央银行直接对公众发行的电子货币，也是央行的负债，具有无限法偿性（即不能拒绝接受央行数字货币）。CBDC 目前阶段替代的是现钞。

其实，CBDC 面临几个争议问题或选择，比如在技术路线上，是采用通证范式，还是采用账户范式，目前没有定论。另外，还有 CBDC 是否付息等。

图 7-4 为中央银行数字货币原型。CBDC 原型系统分三层：第一层是 CBDC 在中央银行与商业银行之间的发行和回笼，以及在商业银行之间的转移。第二层是个人和企业用户从商业银行存取 CBDC。第三层是 CBDC 在个人和企业用户之间流通。

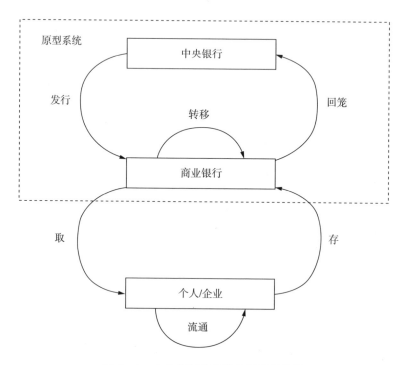

图 7-4　中央银行数字货币原型系统①

CBDC 在商业银行之间、商业银行与个人和企业用户之间，以及个人和企业用户之间的转移流通，实质是区块链系统网络内的通证交易。

中国的 CBDC 核心要素概括为"一币、两库、三中心"。　"一币"是指

---

① 资料来源：姚前，《中央银行数字货币原型系统实验研究》，2018 年第 3 页

CBDC，由央行担保并签名发行的代表具体金额的加密数字串。"两库"是指中央银行发行库和商业银行的银行库，同时还包括流通市场上个人或单位用户使用CBDC 的数字货币钱包。"三中心"是指认证中心、登记中心和大数据分析中心。认证中心是央行对央行数字货币机构及用户身份信息进行集中管理，它是系统安全的基础组件，也是可控匿名设计的重要环节。登记中心则记录 CBDC 及对应用户身份，完成权属登记；记录流水，完成 CBDC 产生、流通、清点核对及消亡全过程登记。大数据分析中心的功能是反洗钱、支付行为分析、监管调控指标分析等。

中国央行数字货币的投放模式称之为"双层运营"结构。所谓的双层运营结构，即上层是央行对商业银行，下层是商业银行对公众。央行按照 100% 准备金制将央行数字货币兑换给商业银行，再由商业银行或商业机构将数字货币兑换给公众。"双层运行"结构，相比较由央行直接向公众发行和承兑数字货币的"单层运行"结构，可以避免央行在人才、资源和运营工作等方面的潜在风险。进一步说，央行虽然在顶层技术上有相当优势和积累，而商业银行等机构已经发展出了比较成熟的 IT 技术设施、服务体系、相关人才储备和经验，所以"双层运营"结构可以形成央行和商业银行之间互补，刺激各商业银行在央行预设的轨道上进行充分竞争，推动新型金融生态的形成与发育。

7.5.3 人民币 3.0

人民币 1.0 是指人民币以纸币作为主要形态，从 1948 年 12 月 1 日的第一套人民币，到 2019 年 8 月 30 日的第五套人民币新版，人民币作为中国通行流通的法定货币已经历经 71 年。至今 1.0 时代并没有完结。人民币 2.0 是指人民币走向电子化，即在银行等金融体系内的现金和存款早已通过电子化系统实现数字化，流通中的现钞比重逐渐降低，支付宝、微信支付等移动支付成为民众主要支付工具。中国无疑是世界上最接近、正在迈向"无现金社会"的大国。而人民币 3.0 则是指人民币的数字化、区块链化，即中国央行数字货币的诞生。中国央行数字货币的英文简称为"DC/EP"。其中，"DC"是"Digital Currency（数字货币）"的缩写，"EP"是"Electronic Payment（电子支付）"的缩写，主要功能就是作为电子支付手段。这就澄清了人民币 2.0 和 3.0 的关系。帮助人们区分法定数字货币与支付宝、微信、PayPal 等移动支付的不同性质。当然，在人民币未来的演进中，其 1.0、2.0 和 3.0 将存在较长的相互交叉和并存的过程。

7.6 Facebook 天秤币

7.6.1 Facebook 为什么要发行天秤币[①]

2019 年 6 月 18 日，脸书（Facebook）发起的 Libra 联盟发布《Libra 白皮书》，声称要"建立一套简单的、无国界的货币和为数十亿人服务的金融基础设施"（Libra Association，2019）。这是作为全球性科技巨头投身加密货币实践的高调起步，在全球范围内引起高度关注和激烈讨论。

Libra 是基于一篮子货币的合成货币单位，预计 Libra 的货币篮子将主要由美元、欧元、英镑和日元等组成。Libra 价格将与这一篮子货币的加权平均汇率挂钩。

Libra 将采用改良版的拜占庭容错共识机制（LibraBFT‐HotStuff）。

Libra 发行将基于 100％法币储备。这些法币储备将由分布在全球各地且具有投资级的托管机构持有，并投资于银行存款和短期政府债券。法币储备的投资收益将用于覆盖系统运行成本、确保交易手续费低廉和向早期投资者（即 Libra 联盟）分红等。Libra 用户不分享法币储备的投资收益。

Libra 联盟将选择一定数量的授权经销商（主要是合规的银行和支付机构）。授权经销商可以直接与法币储备池交易。Libra 联盟、授权经销商和法币储备池通过 Libra 与法币之间的双向兑换，使 Libra 价格与一篮子货币的加权平均汇率挂钩。

Libra 区块链属于联盟链。Libra 计划初期招募 100 个验证节点，每秒钟支持 1000 笔交易，以应付常态支付场景。100 个验证节点组成 Libra 联盟，以非营利组织形式注册在瑞士日内瓦。目前 Libra 已招募到 28 个验证节点，包括分布在不同地理区域的各类企业、非营利组织、多边组织和学术机构等。

Libra 联盟的管理机构是理事会，由成员代表组成，每个验证节点可指派一

[①] 2020 年 12 月 1 日，Libra 协会宣布更名为 Diem 协会，并成立专门经营支付系统的公司 Diem Networks。其实 Libra 项目一波多折，已经在 2020 年 4 月修订了原来的白皮书，也作出了许多安协，具体可登录 https：//www.diem.com/en‐us/white‐paper/了解。另外，特别说明的是由于本教材初稿完成于 2019 年底 2020 年初，而区块链领域发展变化非常迅速，因此无法做到完全随业界内容更新而修订。同时本节内容作为一家知名私营企业做的数字货币和联盟链的尝试，具有典型意义和价值，因此本版暂作保留。

名代表。Libra 联盟的所有决策都将通过理事会做出，重大政策或技术性决策需要 2/3 以上成员表决。

7.6.2 天秤币的影响和应对

对于 Libra 这样的全球加密货币/稳定币，2019 年 7 月 G7 财政部部长与央行行长会议总结报告（Chair's Summary）中关于 Libra 的部分，指出类 Libra 的稳定币正引发监管部门越来越大的担忧，在相关监管问题被解决之前将不会被允许发行。

监管者认为类 Libra 的项目将影响各国货币自主权并对国际货币体系造成影响，"稳定币"及其运营者必须接受最高规格的监管，从而确保不对金融系统稳定或消费者保护造成影响。但同时，监管者也承认类似项目将显著改善全球跨境支付体系，降低使用者的成本。

Libra 采用区块链技术架构和智能合约平台，意味着它可以"嫁接"目前所有的金融业务模式，包括存贷汇、证券通证发行（Security Token Offering, STO）、数字资产发行、中心化/去中心化资产交易等，从而与传统金融模式形成竞争。

一是货币替代。Libra 可被视为新一代的 SWIFT，在支付功能上，或将对现有的支付体系形成替代。有人担忧，脸书公司与美联储合作，将 Libra 与美元挂钩，借助脸书高达 27 亿的用户和全球生态系统，可摧毁或取代各国的支付系统。

二是不同的金融生态。传统上，直接金融市场和间接金融市场"泾渭分明"，分割程度较高，而 Libra 集各种金融模式为一体，既做存、贷、汇，同时自带交易场所，并跨越国界，将创造完全不同于传统的金融生态。

三是激活边缘资产。通过数字化，各种之前不可或难以流转的边缘资产（如知识产权、收益权等）都能在 Libra 的生态网络上流转，同时用户在生产数据的同时，也在创造自己的数字资产，为创新性数字金融服务提供新型底层资产。

表 7-2 是 Libra 与现有金融基础设施的比较。

实际上，以脸书的 Libra 为代表的数字代币与传统政府（央行）发行的法定货币之间是既合作，又竞争关系。合作关系是，价值"锚定"法定货币的数字稳定代币成为潮流，如 2018 年 9 月，美国纽约州金融服务局（NYDFS）批准了两个受政府监管并锚定美元的数字稳定代币：双子星美元（Gemini Dollar,

简写 GUSD）和 Paxos Standard Token（PAX）。2019 年 2 月，美国摩根大通推出使用区块链技术进行即时支付的数字货币摩根币，摩根币与银行存款 1:1 兑付。当然，Libra 也采用类稳定代币的模式，盯住一篮子货币和低风险资产。所以说 Libra 与现有金融体系是合作关系，其价值基础来源于现有金融体系的投资收益。

表 7 - 2　Libra 与现有金融基础设施的比较

	现有金融基础设施	Libra
账户基础	实名账户	社交媒体账户，区块链钱包地址
支付清算体系	中心化系统，需转接清算机构	点对点支付，无须中介
货币发行模式	中央银行计划发行，二元体系	一篮子资产抵押发行，二元体系（客户不直接接触设备，Libra 协会授权经销商开展 Libra 交易）
货币信用等级	国家信用	企业信用
监管执行机构	金融监管机构	各司法辖区的监管部门
用户群体	自然人与法人	自然人与法人
使用场景	存贷汇＋金融市场	STO＋支付＋虚拟银行＋数字资产交易
匿名性	不支持匿名	支持匿名
金融市场	分割	一体化，自带交易场所
激励机制	无	有
独有场景	实体网点	社交媒体多层级数字化营销、弱实名微支付、数字资产交易、数字信用体系等

　　银行存款其实是央行的"稳定代币"，因为它只有支付功能，没有计价功能，通过存款准备金、存款保险、最后贷款人、隐性担保等制度安排，银行存款与央行货币维持平价锚定，所以，数字稳定代币在价值锚定银行存款的同时，也锚定了央行货币。从货币层次看，央行货币是 M0 层次，银行存款等传统信用货币是 M1 和 M2 层次，而 Libra 等数字稳定代币是更高的货币层次。

　　在金融模式上，Libra 与传统金融模式是竞争关系。数字稳定代币与央行货币的关系如图 7 - 5 所示。

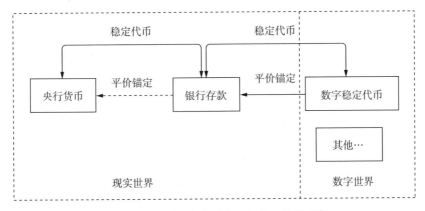

图 7-5 数字稳定代币与央行货币的关系[1]

7.6.3 天秤币与其他支付工具的比较

（1）Libra 与央行数字货币原型的比较

两者相同点在于：一是都采用了加密货币技术，技术路线一致；二是均进行了分层。不同之处很多，如在技术平台、发行方、可追溯性、匿名性、与银行账户耦合程度以及是否支持资产发行等方面存在差异，详见表 7-3 所列。

表 7-3 Libra 与央行数字货币原型的比较

	央行数字货币原型	Libra
整体定位	一币两库三中心加密货币	区块链加密货币
货币属性	法定货币	稳定币，商圈币，结算币
是否依赖银行账户	可基于账户，也可基于网络终端*	否
发行方	中央银行	Libra 协会
技术平台	央行与商业银行共同建设	Libra 储备开发运维
清算机构	登记中心（区块链/分布式数据库）	分布记账（区块链）
交易追溯性	可追溯	（看监管要求）
隐私保护	可控匿名（前台匿名，后台实名）	匿名为主
网络依赖性	在线/离线	在线
监控机构掌控力	强	弱
是否支持资产发行	否	是（STO）

* 姚前：《数字货币与银行账户》，《清华金融评论》，2017 年第五期。

---

[1] 姚名睿．细解 Libra：比较分析与思考《读懂 Libra》《比较》研究部编．中信出版集团，2019.

（2）Libra 与第三方支付、比特币的比较

有人认为 Libra 就是一个跨国界的大的支付宝，无非加了密。真是如此吗？有人形象地比喻，支付宝的技术是"4G"，Libra 的技术则像"5G"。支付宝等第三方支付是围绕传统商业银行的各类账户或者自有虚拟账户，通过一层层中心化系统的转接清算来完成支付，显然它们是中心化的，即使它们的数据传输过程加了密，也不代表它们是加密货币。而 Libra 采用区块链技术，是全新的不依赖中心，多方共享的、基于密码学的、用户自主可控的隐私保护模式下的点对点支付工具。具体见表 7-4。

表 7-4　Libra 与第三方支付的比较

特征	第三方支付	Libra
参与交易验证以获得奖励	否	部分
用户抗审查性	否	部分
交易抗审查性	否	是
用户独立确认网络状态，以及拥有的货币	否	是
双花预防	中央账本	拜占庭容错
信任的机构	中心化金融机构	Libra 协会与记账节点
低资金转账成本	是（跨境不低）	是
广泛的用户群	是	是
存款保险制度	是	部分
对抗通胀的能力	否	不确定（稳定币储备投资能力）

7.7　对数字货币/资产的监管

2019 年 6 月脸书公司高调宣布进入加密货币实践，在全球范围内引起高度关注和激烈争论。以 Libra 为蓝本的全球性加密货币/稳定币很可能出现，并推动各国央行数字/加密货币的加快问世和普及使用，因此，构建对加密货币乃至

数字货币、数字资产，尤其是全球性加密货币/数字货币的监管框架已成为当务之急。

表7-5是加密货币/资产的主要活动与现行监管框架的呼应表。加密货币虽然是新兴的，但其提供的多数金融服务可以直接从现有成熟的监管框架中找到起点，如交易平台、金融服务与相关产品（包括衍生品与ETF等）、资产管理、保管等。当然，加密货币/资产也有一些新的领域，以往金融监管框架无法覆盖或全部覆盖，如，加密货币发行、非保管钱包服务、点对点交易、挖矿、软件开发、区块链分析等。

表7-5 加密货币/资产的主要活动与现行监管框架的呼应

主要行为	行为分类
加密货币创造和分发	加密货币创造、分发和其他相关服务* 衍生品：期货与掉期 承销（underwriting）服务
存储	保管钱包服务 非保管钱包服务*
交易	中心化的交易服务 点对点交易* 去中心化的交易服务*
支付	零售支付 跨境支付 账单支付 其他支付
控矿	硬件制造 硬件分发 远程托管服务 proprietary hashing* 云挖矿* 挖矿池*
投资	资产管理 ETF 集体投资计划 投资咨询 投资经纪

（续表）

主要行为	行为分类
其他	ICO 评级
	审计
	会计与法务
	合规（KYC、AML、CFT）
	数据服务
	软件开发*
	区块链分析°

注：无标记的为传统金融监管已覆盖；＊标记的为部分覆盖，即有与传统行业类似的部分，但存在创新；°标记的为加密货币领域特有的行为，传统金融监管中没有相似的活动。

资料来源：Global Cryptoasset Regulatory Landscape Study。

7.8 未来展望

区块链＋金融的未来发展特征如下：

（1）联盟链和私有链为主

金融行业对于自主可控的要求决定了其身份认证、权限管理等模块是必不可少的，同时其受政策监管制约因素较强，决定了目前的公有链还不太适合作为金融机构解决方案，可以先从多中心化或者部分去中心化开始，实现金融行业的信息共享。从交易频率、交易速度等角度出发，联盟链和私有链比较适合现在的市场需求。不过，有"看门人"机制的许可型系统，有可能被金融大机构的利益所左右，因此仍要小心规避类似 2008 年的金融危机。

（2）智能合约应用场景丰富

在泛金融领域，智能合约的应用范围非常广泛，包括众筹、资产管理、保险以及信贷服务等等，可以有效减少这些行业中人为审核和沟通的环节，减少沟通成本，使得一些流程化的过程可以自动执行，同时智能合约强制执行的特点也减少了违约风险，使得"去信任"的交易成为可能。

（3）区块链＋其他科技

单独使用区块链技术是非常局限的，需要结合大数据、云计算、人工智能、物联网等技术来赋能。比如在进行分布式数据存储的同时，将数据通过云计算的方式结合大数据的技术，在云端进行预测、实现数据分类等。其次，除了本身的一些金融数据以外，还有很多线下的部分，这部分需要结合物联网技术的发展，打通线下链上数据壁垒。

7.9　本章小结

本章重点围绕区块链＋金融进行介绍，因为区块链技术就是诞生或来源于比特币这样的金融货币领域的典型应用，天然具有金融属性，所以我们有必要了解和学习。本章首先介绍了区块链对金融领域的影响、优势和特点等；其次，分小结分别介绍了 token 经济学、自金融模式和 DeFi、央行数字货币和天秤币等内容，也是非常前沿和值得探索的领域；最后介绍了政府对数字货币和数字资产的监管、区块链＋金融的未来前景。

习　题

1. 请查询和解释什么是 DAO、DAC 和 DAS？

2. 什么是资产上链？如何保证资产上链的安全性和有效性？

3. 请查询国内外某一个 DiFi 项目，了解他们的运作模式、盈利模式，是否具有创新性？如何体现？

后　记

这本教材，2019 年底我们组织开第一次教材编辑会至今，快两年了，现在出版在即，很高兴有机会写点花絮、感慨和体会：

我是 2017 年下半年进入区块链领域学习和研究的。最早听到区块链这个词，还是在 2015 至 2016 年间从我的老师，中国科学技术大学商学院原院长方兆本教授那听到的，那时，他就向我建议，赶紧转向和研究区块链（blockchain）！

和许多人一样，我的反应也是：没听说过、不懂、跟我啥关系？！

好在，本人自 2008 年以来，一直从事创新创业教育，也兼任一些院校和机构的创业导师，所以对前沿技术领域和创新模式一直心存兴趣。2016 至 2017 年间，就有区块链创业团队在科大和工大校园及周边搞一些小型的沙龙和项目路演，我也被邀请参加——所以，也算是近水楼台——我自然开始关注区块链。印象深的有两次，一次在科大，他们邀请了清华大学韩锋老师来分享；一次是在工大翡翠湖校区北门的 5F 创咖，他们请了 NEO 小蚁创始人之一来分享，同时分享的还有一位老外，好像是斯坦福大学毕业的。

有了这些经历和基础，很自然地，我也深入学习和了解到底什么是区块链？区块链真的重要吗？区块链领域到底有什么样的创新创业甚或创投机会？

一不小心，我也成为区块链的"布道者"！2018 年初，我就和前面团队一起承办了第九届中国大学生服务外包大赛高校企业行暨区块链与创新创业教育论坛！2018 年 4 月份，策划和举办了安徽省首届区块链创投班。

是的，面对区块链这样一个新事物、新技术和新现象，我很荣幸能比身边大概99％的人士早一天知道和接触到区块链！2018年之前，我的理想是专注于做"创新创业的人才培养、项目孵化和天使投资"，进入区块链领域之后，我把自己的理念改为，致力于"区块链技术的人才培养、项目孵化和天使投资"！更重要的是，只要有想法、符合大方向、有行动，你就不用怕，时间是最好的老师和见证人。是的，民间早有一万小时成功定律，我的感受是，一件事无论大小，坚持三年时间及以上，肯定有结果和眉目。

果然，到了2019年，尤其是10月24日，习近平总书记在中共中央政治局就区块链技术发展现状和趋势进行第十八次集体学习的新闻出来之后，做区块链学习和研究的人，当时都可以用扬眉吐气来形容。光我个人的经历，在10月27日周一的时候，我就一下子收到两个省属单位的电话，分别是安徽省经信厅和合肥海关，都邀请我去给他们做讲座！

2019年11月11日，我正式申请成立了合肥工业大学金融科技与区块链研究中心（简称CFBR）。当年12月27日，我受邀在学校的党委中心组学习会上，给全校300多位中层领导干部做区块链的专题讲座。

接下来的风景和经历是什么样的呢？其实，还是个人经历，我们看到许多币圈、链圈和矿圈的人和事，也看到有人一夜暴富的，也有人神话或被神话，最后进局子的。所以，早在"1024"讲话之前，我就分享过和提醒大家，要努力"真做区块链"、"做真区块链"。还有，无论形势如何发展，作为高校和教师，我们需要真正肩负起区块链技术的人才培养职责。所以，我选择从事区块链教育这个赛道，并坚持理想和初心至今。

2019年底，我们合肥工业大学几位从事区块链技术教育和研究的同仁就组建《大学区块链教程》编写组，列出提纲和确定好分工。三个月后，也即2020年3月份就拿出初稿。但是，受突如其来的新冠疫情影响，我们教材编辑组同仁联合开课（通过课堂使用，可以更好地检验教材内容的广度和深度）的计划搁浅；同时，更重要的是，区块链领域的变化，真的是日新月异。到了2020年年底，我们其实对教材内容进行了一次大的调整，包括章节和篇幅，由原来是8章改为7章。

本教材由汤汇道、胡东辉担任主编，李磊、李萌、廖宝玉担任副主编。具体分工如下：

第一章，区块链概述：汤汇道；

第二章，区块链的基本原理：胡东辉，李一凡；

第三章，区块链关键技术：廖宝玉；

第四章，以太坊：胡东辉，李雨成；

第五章，超级账本：李磊，杜勋；

第六章，物联网中的区块链技术：李萌；

第七章，区块链＋金融：汤汇道。

趁此机会，请允许我对在教材编写和出版、创办合肥工业大学金融科技与区块链研究中心（CFBR）以及从事区块链人才培养和教育过程中给予我大力支持和帮助的各位师长、领导和同仁表达谢意。首先要感谢合肥工业大学梁樑校长对本教材编辑团队的鼓励和支持！还要感谢合肥工业大学校党委余其俊书记，我2019年给学校党委中心组做区块链技术专题讲座，是余书记亲自主持的，也是我第一次认识余书记。

也感谢合肥工业大学出版社王磊社长和张和平总编，还有本教材的责编们的大力支持和辛勤编校工作。2020年我们申请了校出版基金，也是教材得以出版面世的重要支撑。

当然，可能还有其他许多人士给予过支持和帮助的，如果没有罗列在此，还请多多包涵。

在教材编写过程中，还参考了国内外诸多前辈和同仁的专著、报告和文章，我们已尽可能在书中标明来源和出处，在此再次表达谢意。

感谢陈晓亮博士、付小鹏、章梦玉在教材编写和前期排版中给予的协助。

记得大学里学习《美学》课，何迈老师在最后一讲总结说，什么是美？就一句话：美总是遗憾的！是的，这本教材，历经三年才出来，恰似我们编者们的孩子，总是希望她是完美的，但是，很遗憾，肯定有诸多缺憾和不足。

因为时间跨度大，而区块链技术属于发展的初期，也是当今世界的前沿技术领域之一，可以说每时每刻，全世界的聪明大脑都在琢磨着、摩拳擦掌着，说不定一夜之间，就能出来一个或若干种新的玩意儿、新的迭代产品、新的商业模式——就像海底的岩溶喷口，每天都有新的物种出现。

所以出版教材可能是件"出力不讨好的事儿"——因为周期需要，肯定是跟不上该领域最新的情况变化的。在此，我不得不提醒各位读者和学员，在阅读本教材时，重点抓住教材各章节的重点、基本要点，对一些基本概念、知识和技术搞清楚即可。至于一些案例因为时过境迁，要学会设身处地思考，要学会举一反三：既了解和理解教材里提到的内容，其当时的情境，同时也能够关注当前（通过网络搜索）最新行情——进而能够对比和批判地看待这些区块链企业、团队、技术发生的变化，为什么如此变化。这样的学习思路和方法，可能是我们作为学习者永远需要领会和掌握的吧。古语早说过，尽信书不如无书！我们需要立体式学习、历史式、动态地学习，而不能死记硬背、囫囵吞枣。

我们希望在不久的将来，通过网络课程或讲义的形式，来不断更新与教材内容相关的知识点。

2020 年下半年到 2021 年，本人在合肥工业大学面向全校开设了公选课，同时也进行视频直播，回放链接如下：

https：//wx.vzan.com/live/channelpage－210578？ver＝6376440576327958
01&vprid＝0&shareuid＝221906204

下面是编者初拟的一个《大学区块链入门》公选课教学方案如下：共八讲，24 学时。

第一讲：

教学要求：了解区块链发展历史、现状和最新前沿；技术、商业和社会影响和意义

教学重点：理解区块链技术发生发展的必然性；重要意义和价值；对人类、社会、商业和技术的影响；我们如何应对。

教学难点：为什么说区块链是下一代互联网、价值互联网、"信任机器"、"秩序互联网"？

第二讲：

教学要求：区块链技术架构、原理（上）

教学重点：理解相关概念，如：区块高度、分叉、共识机制、点对点、挖矿等

教学难点：分布式账本、共识机制的作用和意义、软分叉和硬分叉

第三讲：

教学要求：区块链技术架构、原理（下）

教学重点：密码学、哈希算法、非对称加密、工作量证明、权益证明、拜占庭容错证明

教学难点：加密经济学、共识算法，TOKEN 经济学等

第四讲：

教学要求：公有链、联盟链技术及其前沿

教学重点：以太坊技术：架构、语言、功能；超级账本技术：架构、主要语言、功能。

教学难点：以太坊的演进历史，为什么，如何实现；超级账本的研究历史，开源社区的历史和意义。

第五讲：

教学要求：国内外政府对区块链政策

教学重点：各国区块链政策；中国政府和各省区的区块链政策；区块链产业版图；区块链行业投融资情况等。

教学难点：为什么各国的政策不一致，如何既实现监管又不影响创新？区块链技术和区块链十如何更好地落地。

第六讲：

教学要求：区块链十金融，央行数字货币等

教学重点：区块链将如何改变货币和金融；FACEBOOK 的天枰币；中国央行的数字货币；其他国家、地区和国际组织的应对。

教学难点：比特币、腾讯 Q 币、京东白条、蚂蚁信用分、LIBRA 和央行数字货币的区别和联系。

第七讲：

教学要求：区块链十物联网、区块链十医疗等应用案例

教学重点：区块链十人工智能十物联网；区块链十智慧医疗等

教学难点：根据具体实际案例了解其创新点和制约因素。

第八讲：

教学要求：区块链技术理论联系实践和应用

教学重点：小组区块链十案例分析报告和研讨

教学难点：各小组团队的案例分析报告、调研报告、产业/行业分析报告或者商业企划报告等。

　　未来，我们争取给本教材开发配套教案、课件和网站，也希望通过不断的教学反馈，出版修订版。也真诚地希望得到各位读者和教师、学生们的反馈意见和建议。联系邮箱 tanghuidao@hfut. edu. cn。

汤汇道

2021 年 12 月

于合肥工业大学斛兵塘畔